应用型艺术设计类"十四五"校企合作系列教材

# Adobe Illustrator
## 实训教程

主　编　张　怡　张　燕　黎映如

副主编　杨欣雨　陈舒薇

参　编　徐　腾　胡　君　谢增福　张　雪

华中科技大学出版社
http://press.hust.edu.cn

中国·武汉

## 内 容 简 介

本书旨在通过 Adobe Illustrator 的强大功能,促进可持续设计,鼓励读者考虑作品对环境的影响,创作既美观又生态友好的作品。本书开放性强,不仅提供全面的学习材料,还鼓励读者探索全球设计资源。书中详细介绍了几何化设计积木文字和中国风折扇案例,强调基本几何形状的构建、颜色调整和细节处理,展示了如何在实际设计项目中应用这些技巧。通过练习,读者可以掌握从基础形状组合到复杂图案设计的技能,理解中国传统文化符号和色彩的意义,并创新性地重塑这些元素。书中还涵盖了文字替换混合轴效果和毛绒感文字设计,提供了具体的制作步骤和技巧,帮助读者在设计中实现独特的视觉效果。通过这些内容,读者不仅能提升设计软件的使用技巧,还能在设计中融入文化内涵和现代审美,创作出具有吸引力和专业水准的作品。

**图书在版编目(CIP)数据**

Adobe Illustrator 实训教程 / 张怡,张燕,黎映如主编. -- 武汉 : 华中科技大学出版社,2024. 8. -- ISBN 978-7-5772-0808-4

Ⅰ. TP391.412

中国国家版本馆 CIP 数据核字第 202434J7E1 号

**Adobe Illustrator 实训教程**　　　　　　　　　　　　　　张　怡　张　燕　黎映如　主编
Adobe Illustrator Shixun Jiaocheng

策划编辑:江　畅

责任编辑:易文凯

封面设计:孢　子

责任校对:程　慧

责任监印:朱　玢

出版发行:华中科技大学出版社(中国·武汉)　　　电话:(027)81321913
　　　　　武汉市东湖新技术开发区华工科技园　　　邮编:430223

录　　排:华中科技大学惠友文印中心

印　　刷:武汉科源印刷设计有限公司

开　　本:889 mm×1194 mm　1/16

印　　张:8.5

字　　数:207 千字

版　　次:2024 年 8 月第 1 版第 1 次印刷

定　　价:59.00 元

# 前言
## Preface

Adobe Illustrator 不仅是一个图形设计工具,更是一个让想象力翱翔的舞台。本书旨在引领读者探索这个强大工具的无限可能,培养创新型人才。

本书得到了广州冠岳网络科技有限公司及广大同仁的大力支持,围绕着"创新、协调、绿色、开放、共享"的发展理念展开。本书不仅教授技术,更重在启发思维,鼓励读者将创新贯穿设计的每一个环节。通过精心设计的实训项目,希望培养读者解决问题和应对复杂设计挑战的能力。

在协调发展的原则的指引下,本书通过案例分析和团队项目合作,培养读者的沟通和协作技能。在讲解 Adobe Illustrator 的强大功能时,本书着重于如何使用这些工具促进可持续设计,如何考虑作品对环境的影响,如何创作出既美观又生态友好的作品。

开放性是本书的另一大特色。本书不仅提供了一套全面的 Adobe Illustrator 学习材料,还鼓励读者探索和利用来自世界各地的设计资源和灵感,希望培养读者的全球视野,使读者今后能够在国际设计舞台上发光发热。

扫码查看相关学习资料

# 目录
## Contents

Adobe Illustrator Shixun Jiaocheng

# 项目一
# 全面认识 Illustrator

**学习目标**

★研究 Illustrator 的用户界面,了解各个面板和工具的位置及作用。

★学习如何使用绘图工具创建基本形状(如矩形、圆形、星形等)。

★实践使用直线工具和曲线工具绘制简单的图形和图案。

## 基础知识

## 新建文档

选择菜单栏中的"文件"选项,点击"新建"打开 Illustrator 的新建文档对话框。在此对话框中,可以设置文件的宽度、高度、方向和颜色模式等参数。设置完成后,点击"创建"按钮创建一个新的空白文件。此外,为了提高工作效率,还可以使用 Illustrator 内置的模板或自行创建模板,见图 1-1。

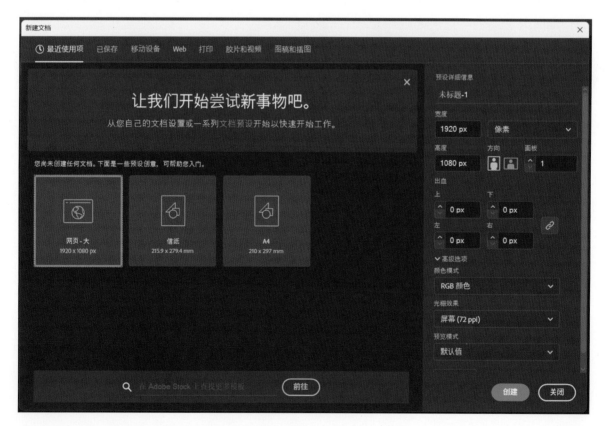

图 1-1

选择菜单栏中的"文件 > 新增基于模板"打开空白模板文件夹,见图 1-2。可以利用 Illustrator 提供的模板开始设计,也可以将常用的文件保存为模板,以便日后使用。

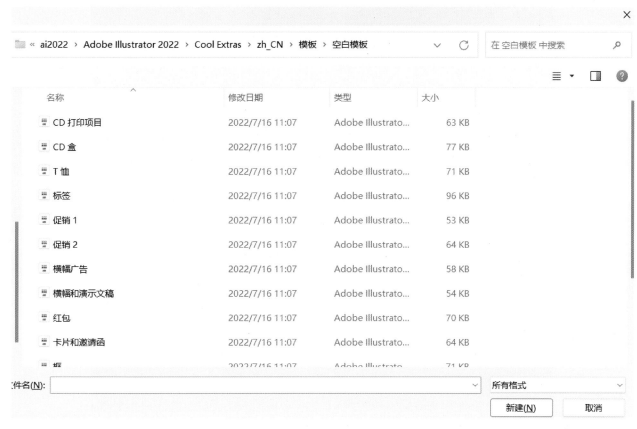

图 1-2

## Illustrator 支持多种文件格式的导入

在导入文件时,默认的方式是嵌入文件。如果选择以链接方式导入文件,则当原始文件移动位置、重命名或删除时,将出现错误消息,需要重新指定文件的位置。用户可以使用 Illustrator 的"文件信息"工具面板查看文件名、色彩模式、工作区域尺寸等信息。

## Illustrator 的数据恢复功能

为了降低因程序崩溃导致的影响,Illustrator 提供了数据恢复功能。用户可以通过点击菜单进入偏好设置,并选择"文件处理和剪贴板"来设置该功能。根据个人习惯,用户可以自定义自动保存的时间间隔以及保存数据的文件夹位置。即使在遇到突发情况时,也能最大限度地恢复未保存的工作成果,见图 1-3。

## Illustrator 操作界面

Illustrator 操作界面见图 1-4。

Illustrator 的功能表位于软件上方,为用户提供了多种主要的操作指令,包括文件存取、对象编辑、滤镜

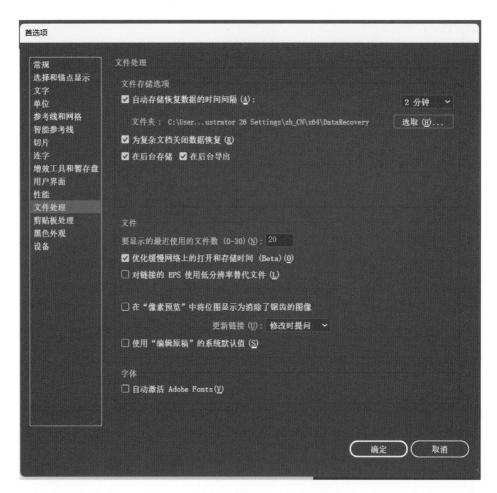

图 1-3

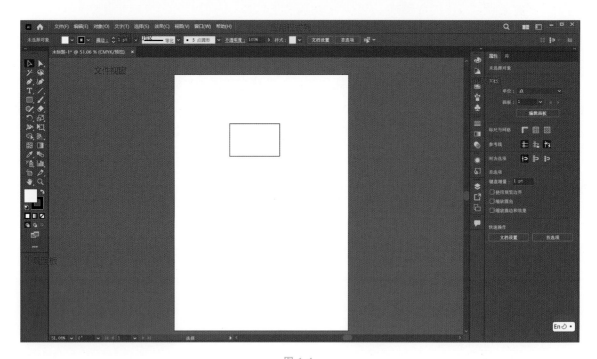

图 1-4

效果以及偏好设置等。为了提高操作效率,常用的指令都配备了相应的键盘快捷键。若指令显示为灰色,则表示在当前状态下无法使用。

在左侧的工具箱中,用户可以找到各种绘图和编辑工具。在工具箱的右下角,带有三角箭头的工具表示可以切换相关的隐藏工具。

选取工具(select):此工具用于选择对象。当用户使用选取工具时按住 Shift 键,可以选择多个对象。

直接选取工具(direct selection):此工具允许用户选择和编辑锚点,以便修改对象的形状。

群组选取工具(group selection):此工具用于选择群组中的对象,使用户可以在不解散群组的情况下进行编辑。

魔棒工具(magic wand):通过魔棒工具,用户可以选取文档中具有相同填充颜色、描边颜色或描边宽度的对象。用户可以通过执行"窗口 > 魔棒"命令来打开魔棒面板,并设置选取的容差。

套索工具(lasso):此工具允许用户通过拖动鼠标来选择对象,尤其适用于对象位置不集中的情况。

线段区段工具(line segment):此工具用于绘制直线。

弧形工具(arc tool):此工具用于绘制弧线。在绘制过程中,用户可以通过点击画面来设置 X 轴和 Y 轴的长度,并可以选择封闭或开放的模式、基准轴以及斜率。

螺旋工具(spiral):此工具用于绘制螺旋线。在绘制过程中,用户可以通过点击画面来设置半径、衰减、区段和样式。

矩形格线工具(rectangle grid):此工具适用于绘制表格。

放射网格工具(polar grid):此工具用于绘制放射网格。放射网格是由同心圆和放射线组成的图形。用户可以通过对话框设置同心圆的数量,以及是否添加放射线。

矩形工具(rectangle,快捷键 M):此工具用于绘制矩形。在绘制过程中,按住 Shift 键可以绘制出正方形。此外,单击画面即可打开设置对话框,用户可设定矩形的宽度和高度,见图 1-5。

圆角矩形工具(rounded rectangle tool):此工具用于绘制具有圆角的矩形。单击画布可以打开设置对话框,用户可自定义矩形的宽度、高度和圆角半径,见图 1-6。

图 1-5

图 1-6

椭圆工具(ellipse,快捷键 L):此工具用于绘制椭圆形。若在使用椭圆工具时按住 Shift 键,则可绘制圆形。单击画面可打开设置对话框,用户可设置椭圆形的宽度和高度,见图1-7。

多边形工具(polygon):此工具用于绘制多边形对象。单击画面可以打开设置对话框,用户可设置多边形的半径和边数,见图1-8。

星形工具(star tool):此工具用于绘制星形图形。单击画面可打开设置对话框,用户可设置星形的半径和角点数,见图1-9。

图 1-7

图 1-8

图 1-9

钢笔工具 (pen,快捷键 P):此工具是 Illustrator 中关键的绘图工具,专门用于绘制贝塞尔曲线。

增加锚点工具(add anchor point):此工具用于在选定路径上增加锚点,以改变路径的外观。

删除锚点工具(delete anchor point):此工具用于删除路径上的锚点,以简化路径的形状。

转换锚点工具(convert anchor point,快捷键 Shift+C):利用此工具,可以将锚点转换为尖角锚点或圆角锚点,并可以调整控制柄的方向和距离。

平滑工具(smooth):此工具用于使路径更加平滑。

路径橡皮擦工具(path eraser):此工具用于擦除路径。

点滴画笔工具(blob brush,快捷键 Shift+B):此工具用于绘制基准轴与斜率。

橡皮擦工具(eraser,快捷键 Shift+E):此工具用于擦除文件中绘制的对象。

剪刀工具(scissors,快捷键 C):此工具可以剪断路径,用于删除不需要的部分。

旋转工具(rotate,快捷键 R):此工具用于对选定对象进行旋转编辑。

镜像工具(reflect,快捷键 O):此工具用于对选定对象进行镜像编辑。

缩放工具(scale,快捷键 S):此工具用于对选定对象进行缩放编辑。

倾斜工具(shear):此工具用于对选定对象进行倾斜编辑。

改变外框工具(reshape):此工具用于调整选定对象的形状。

透视网格工具(perspective grid,快捷键 Shift＋P):此工具可帮助用户更加便捷地绘制出比例准确的透视图。

透视选取工具(perspective selection,快捷键 Shift＋V):此工具用于选择透视网格上的对象。

网格工具(mesh,快捷键 U):此工具可以在选定的对象上创建网格,用于制作复杂细致的填色效果。

渐变工具(gradient,快捷键 G):此工具用于以互动方式调整渐变方向和距离。

检色滴管工具(eyedropper,快捷键 I):此工具用于从对象上取样色彩。

混合工具(blend,快捷键 W):此工具用于创建从对象 A 到对象 B 的渐变效果,请参考在线教学范例。

工作区域工具(artboard):此工具用于管理工作区域。

# 绘图工具

在图形编辑过程中,画笔工具面板扮演着至关重要的角色。通过这一面板,用户能够精确地调整路径的画笔效果,从而优化图形的整体表现。这一功能不仅提升了图形编辑的灵活性和精度,还有助于实现更加专业和精细的设计效果,见图 1-10。

Illustrator 操作界面的右侧是工具面板,用户可以根据需要自由组合或分离这些工具面板。由于工具面板数量众多,用户可以选择隐藏不常用的面板,以扩大工作空间。导航器(navigator)工具面板用于调整视图比例,可以放大、缩小视图,或快速移动到特定区域,方便用户查看整个版面布局或编辑细节图形。外观(appearance)工具面板用于设置对象的属性,包括填充色、描边、特效等。图层(layers)工具面板则主要用于对象管理,用户可以通过该面板锁定或隐藏图层,或调整图层的顺序。对齐(align)工具面板用于对齐文件上的多个对象。SVG 互动(SVG interactivity)和动作(actions)工具面板分别用于实现 SVG 交互功能和存储复杂或重复使用的指令,以便进行批量处理。属性(attributes)工具面板用于显示当前文件的各项信息,如色彩模式、色彩描述文件、尺寸等。字符(character)工具面板用于设置文字属性,如字体、字体大小、字符间距等。此外,Illustrator 还提供了定位点、渐变、画笔等工具,其中画笔可以使用向量的方式绘制真实笔触的效果,新增画笔时可以选择 5 种画笔类型,见图 1-11。

浸水式画笔见图 1-12。

图 1-10

图 1-11

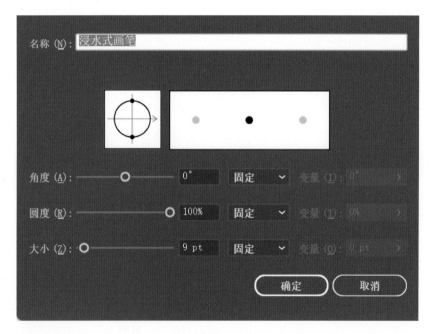

图 1-12

　　毛刷画笔具备多样化的选择,可根据需求挑选不同的毛刷形状、长度、密度、不透明度以及硬度,见图 1-13。

　　用户可以删除不再使用的画笔。请注意,在删除正在使用的画笔时,将会出现以下错误消息,见图 1-14。可以选择"扩展描边"或"删除描边"。

　　颜色(color)工具面板用于填充对象或调整笔触颜色。色板(swatches)可以存储常用色彩,保持作品色彩的一致性,并避免印刷时的色彩偏差问题。变形(transform)、信息(info)、路径管理器(path finder)、链接(links)和魔棒(magic wand)等工具可供用户选择。其中,魔棒可用于选择相同颜色的对象。

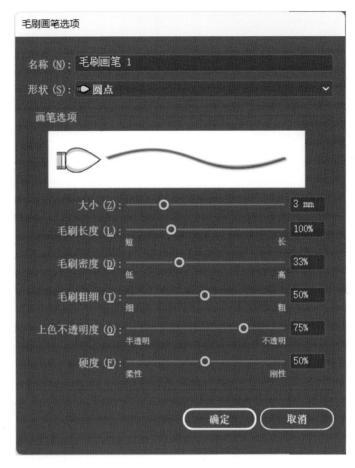

图 1-13

图 1-14

# 图形编辑

　　用户可以通过单击或拖动选择物件。当物件被选中时,其周围会显示边框和控制点,通过鼠标拖动可以进行物件的移动、旋转、缩放等编辑操作。

　　当边框方向因旋转编辑而改变,需要重新调整方向时,在物件上单击鼠标右键,从右键菜单中选择"变

形 > 重设边框"选项,或者点击菜单栏中的"物件 > 变形 > 重设边框"命令。

## 移动物件

在选取物件时,用户可以使用鼠标拖动来移动物件,或者按下 Enter 键,并输入移动的距离来移动物件。

## 复制物件

在选取物件时,按住 Alt 键并拖动物件即可移动并复制选取的物件。若要制作外观相同的物件,还可以使用复制和粘贴功能。选择物件并点击菜单栏中的"编辑 > 剪下"命令将物件剪切到剪贴板,使用"编辑 > 拷贝"命令则将物件复制到剪贴板。

## 群组物件

选取多个物件后,点击菜单栏中的"物件 > 组成群组"命令,物件组成群组后,移动、旋转、缩放的操作将是对整个群组进行编辑,而不是对单个物件。不过,用户可以在群组物件上单击右键,选择"分离选取的群组"选项,可以单独编辑群组中的物件,编辑完成后物件将自动恢复到群组状态。

## 清理功能

为确保文档的质量和效率,可执行"清理"操作,移除文件中存在的游离点、未上色对象以及空文本路径。这些元素通常在无意中产生,但在保存时会增加文件的大小,并且在打印时不会显示。若确定不再需要这些元素,可以选择菜单栏中的"物件 > 路径 > 清理"功能将其彻底清除。这将有助于优化文件性能,确保最终的输出效果符合预期,见图 1-15。

图 1-15

## 绘图辅助工具

## 标尺

在绘制图形时,使用标尺可以确保尺寸精确,同时在移动图形时也能将其放置在正确的位置。

## 参考线

参考线由用户自定义,可以通过编辑工具进行移动。如需删除参考线,可先在图层面板中选择,然后按 Delete 键进行删除。

## 网格

网格提供了类似于方格纸的参考效果,有助于用户进行精确绘制和布局。

## 参考线和网格设置

参考线和网格的默认颜色分别为青色和灰色。有时绘图对象的颜色与参考线或网格的颜色过于接近,可能导致它们不易辨识。因此,Illustrator 允许用户自行设置参考线和网格的颜色。依次选择"偏好设置 > 参考线和网格",在弹出的对话框中,用户可以修改颜色,并设置网格的样式(点状或线状)以及间隔,见图 1-16。

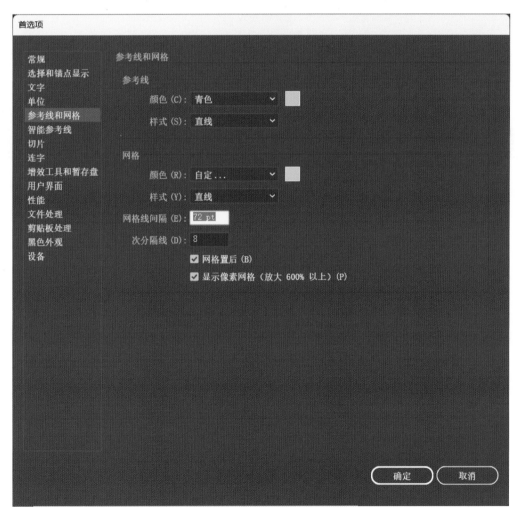

图 1-16

## 智能参考线

在绘图过程中,启用"智能参考线"功能,系统将自动对齐参考线。该功能支持自定义角度的结构参考线,以提升绘图效率和准确性,见图1-17。

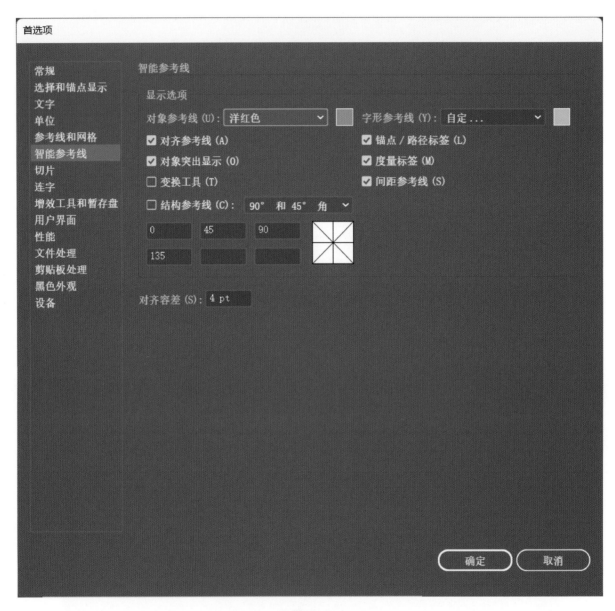

图 1-17

## 透视网格

我们的视觉系统感知世界时,依赖的是具有透视感的空间。因此,在绘图过程中,理解透视原理至关重要,这样才能赋予作品立体感和空间感。Illustrator CS 5 提供的"透视网格"功能,能有效协助用户迅速绘制出准确的透视图。

要启用透视网格,可以选择菜单中的"视图 > 透视网格 > 显示网格",或者使用快捷键 Ctrl + Shift + I。

Illustrator 的透视网格默认设置为两点透视,可以根据需要选择单点透视或三点透视。

透视网格的定义是在三维空间中创建一系列规整的网格点,以便进行透视投影和计算。透视网格广泛应用于建筑、工程、计算机图形学等领域,旨在实现精确的测量和可视化。为定义透视网格,需要确定投影中心、投影平面以及空间中各个点的具体位置和坐标,从而确保透视投影的精确度和准确性。投影中心是透视投影的核心,它决定了投影的方向和角度,而投影平面则是投影结果的呈现平面。空间中各个点的位置和坐标也是定义透视网格时不可或缺的元素,它们决定了物体在透视投影中的形态和位置。

在实际应用中,透视网格的定义需要借助专业的辅助工具和软件,以确保定义的精确性。这些工具可以根据用户的需求和实际情况,提供多种不同的透视网格定义方式和参数设置选项,见图 1-18。

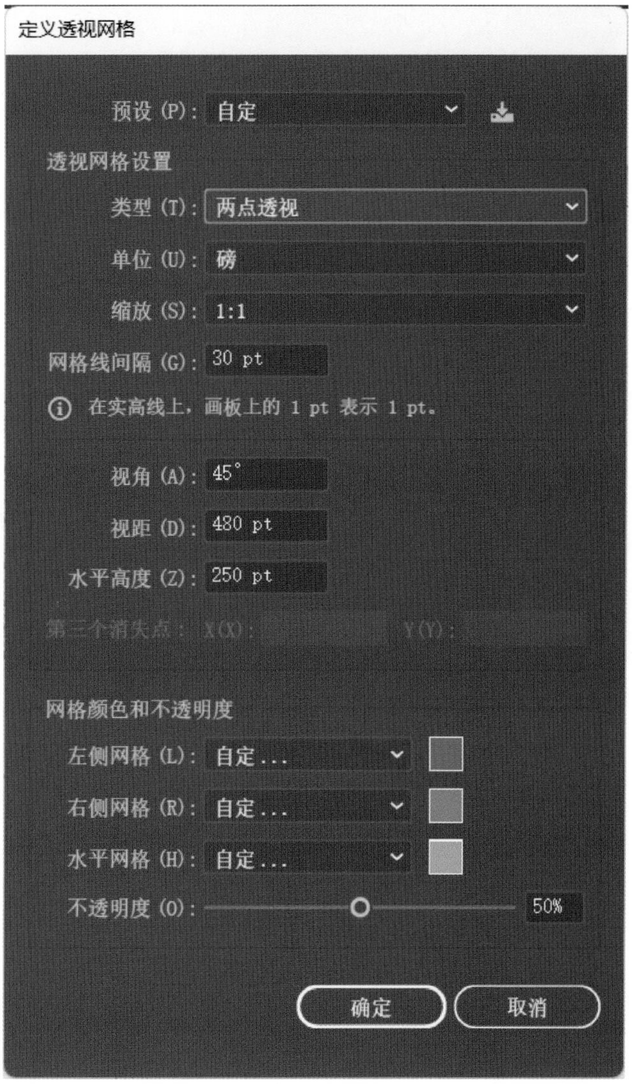

图 1-18

总之,透视网格的定义是进行透视投影和计算的重要基础,它能够为建筑、工程、计算机图形学等领域的应用提供准确的测量和可视化支持,推动这些领域发展和进步。

# 色彩管理工具

## 物件颜色设定

色彩工具用于调整物件的填充色和轮廓色。用户可选取物件后,双击工具箱下方的"填充色"选项,即可更改物件颜色。此外,用户也可直接将色板工具面板中的颜色拖至物件上以实现颜色的快速调整。

## 色板工具面板

色板工具面板见图 1-19。色板工具面板的主要功能是存储常用颜色,以确保色彩的一致性,并在绘图过程中快速应用。

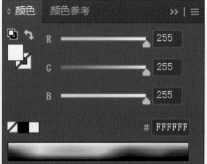
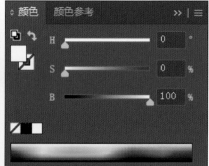

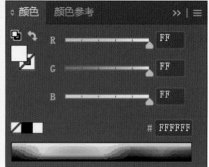

图 1-19

新建色板功能。用户可根据需要选择颜色类型和颜色模式来新建色板。使用色板能有效避免印刷过程中出现的色彩偏差问题,确保印刷品质量,见图 1-20。

删除色板功能。用户可以通过将色板拖至垃圾桶图标来删除不再使用的色板。若希望一次性删除多个色板,可按住键盘上的 Ctrl 键选取多个色板,然后拖至垃圾桶图标进行删除。

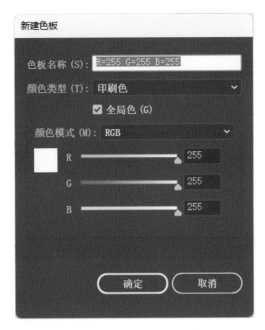

图 1-20

新建颜色组,见图 1-21。

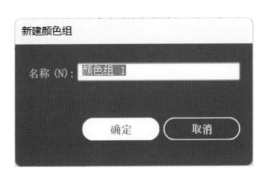

图 1-21

## 填色技巧

在绘图过程中,填色是一项至关重要的步骤。根据不同的需求和效果,填色方式可分为以下四种:单色填色、渐变填色、图样填色以及渐变网格填色。其中,单色填色即使用单一颜色进行填充;渐变填色是通过颜色的渐变来实现更加丰富的视觉效果;图样填色是利用预设或自定义的图样进行填充,以增加图案的复杂性和美观度;而渐变网格填色则是一种更为高级的填色方式,它可以在网格的基础上实现颜色的渐变和过渡,以达到更加细腻和自然的效果。

在使用渐变填色时,用户可以通过渐变工具面板进行编辑和调整,包括调整渐变的颜色、方向、角度、位置等参数,以达到最佳的视觉效果。

# 路径编辑工具

## 合并命令

合并命令旨在将两个开放路径结合为单一路径,或将开放路径转变为封闭路径。用户需要先选择两个开放端点,随后通过执行"对象 > 路径 > 合并"命令来合并所选取的路径。具体合并类型的说明如下。

(1)封闭开放路径:若选取的两个端点位置不重叠,则路径两端的端点将以直线相连,形成封闭路径。

(2)合并分散端点:若选取的端点位置不同,系统将在端点与端点之间使用直线连接。

(3)合并重叠端点:当合并的两个端点位置相同时,用户可选择尖角锚点或平滑锚点作为合并方式。

注意:为成功执行合并操作,用户必须选择两个开放的端点。路径上的锚点不能直接合并。

## 平均命令

平均命令用于对齐路径上的锚点,使它们位于相同的水平或垂直坐标轴上。此命令与"对齐"工具类似,但"平均"专门用于对齐锚点,而"对齐"则用于对齐对象。用户需要选择路径上需要对齐的锚点,然后点击"对象 > 路径 > 平均"命令,在"平均"对话框中设置对齐方式,见图1-22。

图 1-22

## 外框笔画命令

外框笔画命令允许用户将所选路径转换为外框笔画,以便进行填色或填充纹理。

## 简化命令

简化命令的功能是减少路径上的锚点,以简化对象的形状。选择对象后,点击"对象 > 路径 > 简化"命令来打开设置对话框,见图1-23。

当曲线精确度接近100%时,可能需要比原始对象更多的锚点。选择"转换为直线"命令,锚点之间的路径将变为直线。启用"显示原始路径"命令,将显示原始路径,以便比较简化前后的差异。

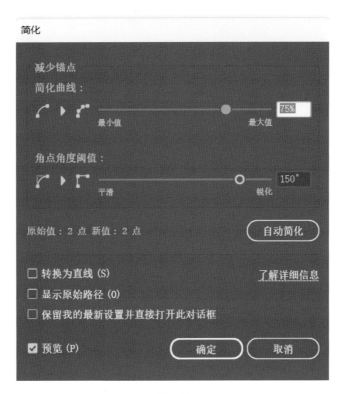

图 1-23

## 分割下方物件命令

分割下方物件命令是一个切割工具,功能类似于美工刀。选取线段或对象并使用"分割下方物件"命令,可以精确控制分割效果。此外,文字对象也可以被分割,但必须先将文字转换为轮廓。选择文字后,单击鼠标右键并选择"创建轮廓"。

## 列与行命令

列与行命令允许用户选择任何形状的对象,并将其转换为水平或垂直排列的矩形。用户可以自定义行和列的矩形数量、高度和间距。此功能特别适用于创建砖墙图形。

## 清理命令

清理命令可以一次性删除文档上的游离点、未上色对象和空文本路径。这些可能是编辑时无意中创建的,删除它们可以减小文件大小,并且不会影响打印和输出的结果,见图1-24。

图 1-24

## 复合形状

点击"路径管理器"面板中的"展开"选项,可以将复合形状转换为普通对象,之后将无法再像复合形状那样进行编辑。

## 添加边框区域

选择的对象将进行焊接处理。

## 从边框区域减去

内容略。

## 与边框区域相交

仅保留对象重叠的部分。

## 排除重叠的形状区域

重叠的部分将变为透明状态。

## 文字编辑工具

在设计过程中,"文字"是不可或缺的核心要素。借助 Illustrator 的文字工具,用户可以轻松创建多种文字样式,从而高效完成文档的设计工作。

文字工具(type,快捷键 T)是进行文字输入与编辑的核心工具。当需要输入文字时,用户只需在文档的适当位置点选该工具,便可输入或粘贴文字。而在编辑文字时,用户同样可以利用该工具选取特定文字,并对其进行修改或调整。

区域文字工具(area type)是一款用于输入多行段落文字的工具。当输入的文字达到设定区域的边缘时,将自动切换至下一行,确保文字排列整齐、规范。

路径文字工具(type on a path tool)允许用户沿着设定的路径排列输入的文字。这种工具在海报设计、标题文字排版等领域有着广泛的应用。通过路径文字工具,设计师可以创建出独特而富有创意的文字效果,使文字与整体设计更加和谐统一。

**IT** 垂直文字工具(vertical type tool)与常规文字工具的使用方法相同,旨在方便用户在垂直方向上输入文字。

**IT** 垂直区域文字工具(vertical area type tool)是一款用于输入垂直方向段落文字的工具。当输入的文字达到设定的宽度时,该工具将实现自动换行效果,确保文字布局整齐、清晰。

**IT** 直式路径文字工具(vertical type on a path)的使用方法与路径文字工具相同,但允许用户输入垂直方向的文字。

## 字符编辑面板

通过字符编辑面板,用户可以随时修改文字的外观。选择想要修改的文字,然后通过该面板进行编辑,见图 1-25。

图 1-25

## 段落编辑面板

段落编辑面板是用于设置段落属性的工具,通过它可以调整段落的对齐方式、缩进、间距以及换行规则等,见图 1-26。

## 文字变形

若需要制作文字变形的效果,可利用 Illustrator 中的"弯曲"与"封套网格"工具。

图 1-26

在"弯曲"对话框中,用户可以选择样式、方向、弯曲与扭曲幅度。勾选"预览"功能,可即时查看弯曲效果。

在文字对象上应用"封套网格",用户可以自行调整横栏与直栏的网格数量,以实现更精细的变形控制。

# 符号运用技巧

"符号"功能允许用户保存可重复使用的图形。当文档中需要相同的元素时,只需将其转换为"符号",即可随时调用。Adobe Illustrator 中的"符号"概念与 Flash 动画软件中的"元件"(symbol)相似,只是中文翻译有所不同。Illustrator 提供了多种内置符号,用户可以直接使用。

关于符号实例的操作选项包括以下几种。

(1)展开实例:将符号实例展开为独立图形。

(2)删除实例:删除选定的符号实例,同时文档中使用该符号的所有实例也将被删除。

(3)取消:取消删除符号的操作。

符号文件的默认存储路径为"C:\Program Files\Adobe\Adobe Illustrator\预设集\符号"(具体路径可能因不同版本而异)。

要添加新的符号,可以使用以下两种方法。

(1)选择绘制好的图形,然后直接拖动到符号工具面板。

(2)选择对象后,点击符号工具面板的"新建符号"图标,见图 1-27。

当打开符号选项对话框时,输入适当的符号名称,然后点击"确定"按钮以完成操作。

若要修改符号名称,可以通过双击符号工具面板中的项目来打开"符号选项"对话框,并在其中进行名

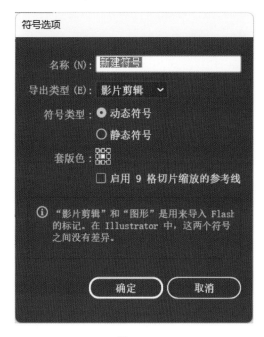

图 1-27

称的修改。

　　若要在 Illustrator 中置入符号,最简单的方式是使用鼠标将符号拖至文件的适当位置。

　　关于 Illustrator 中的符号修改,用户可以通过插入文件的"符号"来进行缩放、旋转等基本的编辑操作。若需要编辑符号的造型,需要先选择符号对象,然后点击右键并在弹出的菜单中选择"打断符号连结",将原本的符号转换为群组,之后就可以对群组进行分离或解散以进行进一步的编辑。

　　若要删除某个符号,只需在符号面板中选择该符号并点击删除即可,见图 1-28。

图 1-28

　　若已在使用中的符号被删除,系统将显示警告信息,见图 1-29。

图 1-29

符号存储在 Illustrator AI 文件中,因此当打开 Illustrator 文件时,符号面板将显示已置入的符号。如果想将符号复制到其他文件,可以进行复制和粘贴操作。

在 3D 特效制作中,通过使用符号可以在"对应线条图"中制作出立体物件的贴图效果。

## 图层管理工具

在进行复杂版面设计或矢量插画创作时,由于涉及的元素数量庞大,难以有效管理。为了提高工作效率,可以采用图层来对这些元素进行分类和组织。例如,当需要隐藏或锁定某些元素时,通过图层可以轻松实现这些操作,见图 1-30。

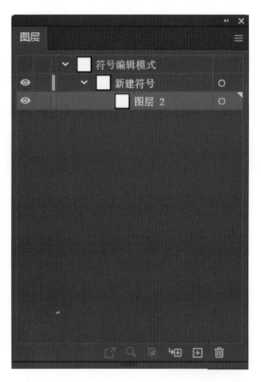

图 1-30

### 新增图层

为了进行更细致地设计或编辑,可以在当前项目中新增一个空白的图层。

### 修改图层名称

双击图层即可修改其名称。如果在创建图层时为其命名,那么在后续的设计过程中将更容易管理。

## 隐藏图层

当某个图层被隐藏时,该图层上的所有对象将不再可见。

## 锁定图层

一旦图层被锁定,其上的所有对象将无法被编辑或修改,确保设计的稳定性和准确性,见图 1-31。

图 1-31

## 删除图层

若要将图层从项目中移除,可以将所选图层拖至图层面板右下方的垃圾桶图标上。执行此操作后,该图层及其上的所有内容将被永久删除。

## 调整图层顺序

通过拖动鼠标,用户可以重新安排图层之间的堆叠顺序。位于上方图层的内容将遮挡下方图层中的相应部分。

非打印图层是一种特殊类型的图层,其内容在打印时不会显示。在设计过程中,可以将参考线或临时不想打印的内容放置在非打印图层上,以确保它们不被包含在最终输出中。

# 透视网格工具

透视网格是 Illustrator CS 5 中新增的一项功能,旨在帮助用户更加便捷地绘制出比例准确的透视图。

## 显示/隐藏透视网格

在编辑过程中,如果需要暂时不显示透视网格,可以执行"视图 > 透视网格 > 显示网格"或使用快捷键 Ctrl ＋ Shift ＋ I 来隐藏透视网格。此外,还可以选择显示不同类型的透视网格,包括单点透视、两点透视和三点透视。

透视网格类型有以下几种。

(1)左侧网格。

(2)水平网格。

(3)右侧网格。

(4)非活动网格。

当绘制对象时,如果希望对象不受透视网格的影响,可以选择"非活动网格"。绘制的图形将产生透视变形。为了保持正确的透视效果,可以选择"透视选取工具",在移动物件时会自动缩放。

## 收缩与膨胀

选择菜单"滤镜 > 扭曲 > 收缩与膨胀"。

## 螺旋

选择菜单"滤镜 > 扭曲 > 螺旋"。

## 锯齿化

选择菜单"滤镜 > 扭曲 > 锯齿化"。

## 随意扭曲

选择菜单"滤镜 > 扭曲 > 随意扭曲"。

## 随意笔触

选择菜单"滤镜 > 扭曲 > 随意笔触"。

## 圆角

选择菜单"滤镜 > 扭曲 > 圆角"。

## 特殊效果

"3D > 凸出和斜角"(3D extrude & bevel)是一种设计工具,能够在二维平面上为物体添加深度,进而生成具有三维外观的虚拟物体。这一功能在多种设计软件中都有应用,为设计师提供了一种简单而高效的方式来模拟真实的三维效果,见图 1-32。

图 1-32

图 1-32 为在文字对象上应用"3D > 凸出和斜角"效果的实例。相关参数设置见图 1-33。

表面材质有以下几种选择。

(1)透视效果:3D 对象将以线框形式显示,填色部分为空透状态。

(2)无网底:3D 对象将以原色显示,表面无明暗变化。

(3)漫射效果:3D 对象将显示为雾面材质。

(4)塑料效果:3D 对象将具有明显的反光效果,即表面光泽度较高。

点击"更多选项"按钮,还可以设置光源位置、光源强度、环境光、反光强度、反光大小、渐变阶数、网底颜色等参数。

通过使用"对应线条图",用户可以在 3D 对象的表面上添加纹理贴图效果。这可以有效地增强 3D 模型的视觉效果和真实感,见图 1-34。

"3D > 旋转"(revolve):"3D > 旋转"功能可应用于群组对象。

图 1-33

图 1-34

"3D > 旋转"功能能够模拟物体在三维空间中的旋转效果,其参数设置相对简洁,见图 1-35。

关于投影效果,可以通过执行"效果"菜单中的"风格化"子菜单下的"投影"命令,为对象添加投影效果,见图 1-36。

图 1-35

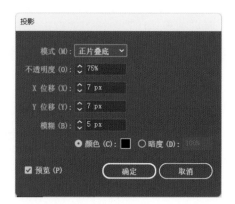

图 1-36

通过执行"效果 > 风格化 > 内发光"命令,用户可以在物体内部添加发光效果,见图1-37。

使用"效果 > 风格化 > 外发光"功能,可以在对象的外侧添加光晕效果,从而增强视觉效果,见图1-38。

图 1-37

图 1-38

羽化效果是一种图像处理技术。执行"效果"菜单中的"风格化"子菜单下的"羽化"命令,可以使选中的图像或物体呈现出柔和的边缘效果。这一操作可以使图像的边缘逐渐过渡,变得更加自然、柔和,从而增强图像的视觉效果,见图1-39。

要应用圆角效果,选择"效果 > 风格化 > 圆角"。这将为对象边缘添加圆角效果,见图1-40。

图 1-39

图 1-40

选择菜单栏中的"效果 > 风格化 > 涂抹选项"功能,可以将物体转变为不同的手绘笔触效果,见图1-41。

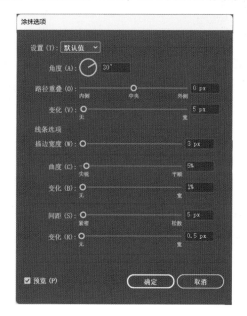

图 1-41

选择菜单栏中的"效果 > 形状选项"功能,可以将所选对象转换为圆角矩形,见图 1-42。

选择菜单栏中的"效果 > 栅格化"功能,将弹出对话框,见图 1-43。

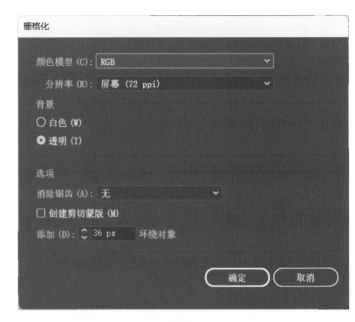

图 1-42　　　　　　　　　　　　　　　　　　　　图 1-43

选择菜单栏中的"滤镜 > 创建 > 裁剪标记"功能,可以在所选对象的周围添加浅灰色的裁剪标记,为纸张裁剪提供参考。

选择菜单栏中的"滤镜 > 扭曲 > 粗糙化"功能,可以在所选对象的路径上产生粗糙的效果,见图 1-44。

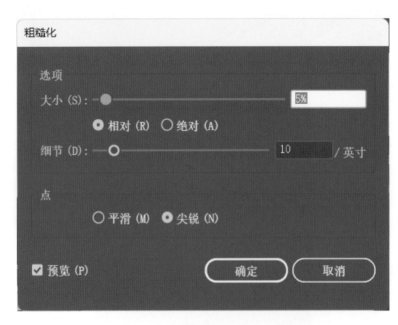

图 1-44

# 制作统计图表

Illustrator 和 Excel 在制作统计图表方面具备相同的功能。使用 Illustrator 制作图表的优点在于能够直接将图表与设计元素相结合,避免了在 Excel 中制作后再进行转换的烦琐步骤,数据资料可以更加直观、易于理解,从而提高信息传达的效果。

柱状图工具(column graph)是一种适用于数据比较的统计图表。它能够以直观的方式展示各个数据项之间的差异和趋势,帮助用户更好地理解和分析数据。在各种领域(如商业、科研、教育等),柱状图都是一种非常实用的工具。通过使用柱状图,用户可以更加清晰地了解数据的变化和趋势,为决策和分析提供有力的支持。

堆叠柱状图工具(stacked column graph)适用于展示具有相同性质的数据堆叠情况。通过该工具,用户可以清晰地看到不同类别数据在总体中的占比和分布情况,从而更好地进行数据分析和决策。

横条图工具(bar graph tool)。

堆叠横条图工具(stacked bar graph)是一种用于展示具有相同性质的数据的横向条形图,其中各个数据项被堆叠在同一类别下,以便更直观地比较和展示不同类别之间的数据差异。

折线图工具(line graph)是一种适合比较趋势的统计图表。

区域图工具(area graph)。

散布图工具(scatter graph)。

圆形图工具(pie graph)是一种适合判断比例的统计图表。

雷达图工具(radar graph)。

# 渐变网格

Illustrator 的渐变网格功能可以在单一对象上应用多重颜色,从而制作出如喷绘般真实的向量插画。要创建渐变网格对象,必须使用绘制的路径对象,而复合路径或文字对象则无法生成渐变网格。以下内容为渐变网格的基本操作。

　　要创建规则的渐变网格,首先绘制一个对象,然后执行"对象"菜单中的"创建渐变网格"命令,打开如图 1-45 所示的对话框。

图 1-45

　　输入渐变网格的列数(columns)与行数(rows)。外观选项包括平面(flat)、至中央(to center)和至边缘(to edge)。

　　高光设置用于调整渐变网格的反白百分比。当设置为 100％时,反白效果最为显著;随着百分比接近0％,反白效果逐渐减弱。

　　在网格物件上,线条被称为网格线(mesh line),而线条的交叉点被称为网格点(mesh point)。网格点是一种特殊的菱形锚点,用户可以为每个网格点指定颜色、移动网格点(按住 Shift 键并拖动可以移动网格点,同时保持网格点与原始路径对齐),或拖动网格点方向控制把手,以调整网格物件的渐变效果。

　　网格线之间的区域被称为网纹分片(mesh patch),用户可以在网纹分片上指定颜色,或使用鼠标拖动来移动网纹分片。

　　要创建不规则的渐变网格,可使用工具箱中的工具。在添加网格点时,如果按住 Shift 键,则新添加的网格点不会改变当前的渐变颜色。

　　要将网格物件转换为路径物件,可先选取网格物件,然后从功能菜单中选择"物件 > 路径 > 位移复制"打开转换选项。接着输入位移值 0 并点击确定,即可将网格物件转换为一般的路径物件。在使用渐变网格时,对于复杂的形状,可以将其切割成多个不同的区域进行处理。

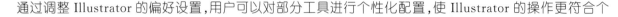

# 偏好设置

　　通过调整 Illustrator 的偏好设置,用户可以对部分工具进行个性化配置,使 Illustrator 的操作更符合个人的使用习惯。这包括设置键盘增量、约束角度以及圆角半径等一般设定,见图1-46。

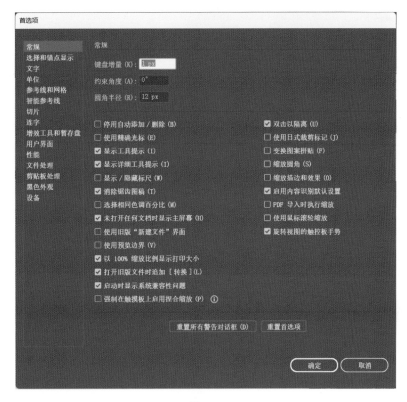

图 1-46

在"选择和锚点显示"中,用户可调整选取工具的灵敏度,并设置锚点/控制点的显示方式,见图1-47。

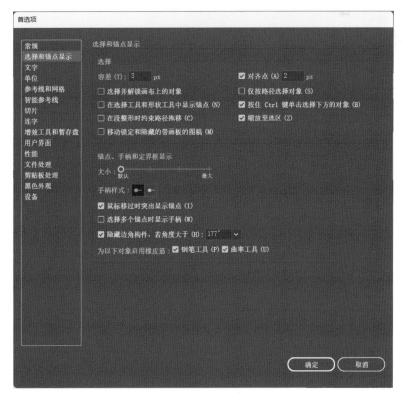

图 1-47

在"文字"中,用户可设置文字的默认大小/行距,见图1-48。

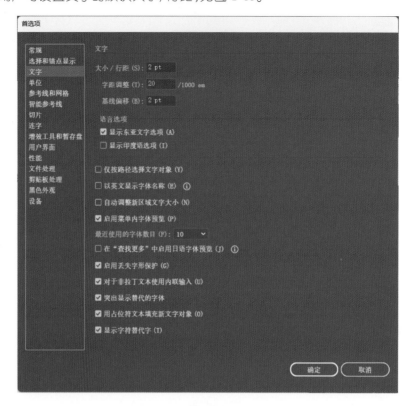

图 1-48

在"单位"中,用户可从各项工具中选择使用的单位,见图1-49。

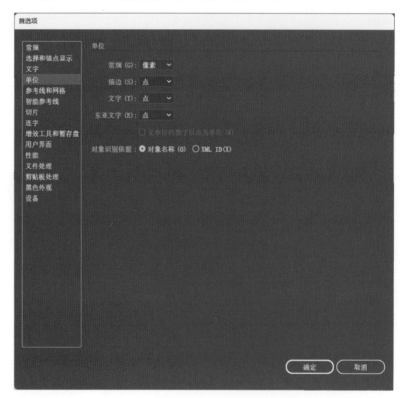

图 1-49

在"切片"中，用户可设置是否显示切片的编号，并选择切片的线条颜色，见图 1-50。

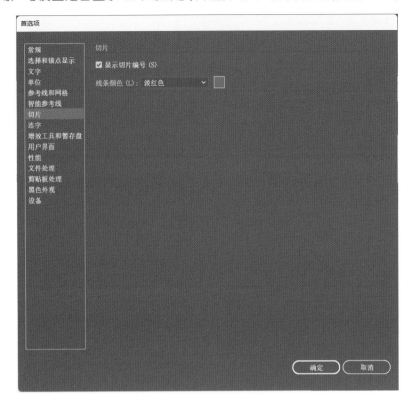

图 1-50

在"连字"中，用户可设置默认的语言种类，见图 1-51。

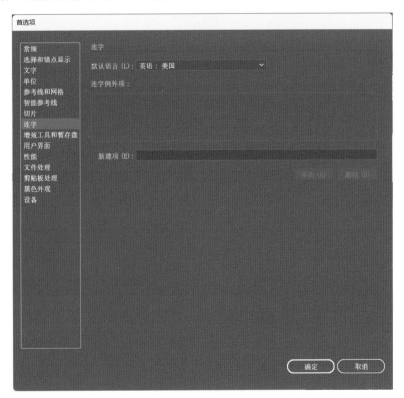

图 1-51

　　增效工具是由第三方开发商开发的程序，也被称为插件或扩展程序。安装后，它们可以增强 Illustrator 的功能。如果增效工具安装在 Illustrator 预设以外的文件夹中，可以在"增效工具和暂存盘"中设置增效工具的文件夹位置，见图1-52。

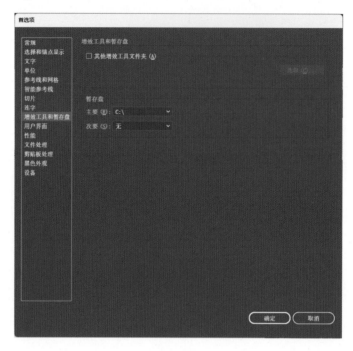

图 1-52

　　在"用户界面"中，可调整 Illustrator 用户界面的亮度。对于偏好在较暗环境下工作的设计师，可以将 Illustrator 用户界面的亮度调暗。在 Illustrator CS 5 中，默认以标签方式打开文件。如果要以旧版 Illustrator 的窗口方式打开文件，可取消勾选最下方的选项，见图1-53。

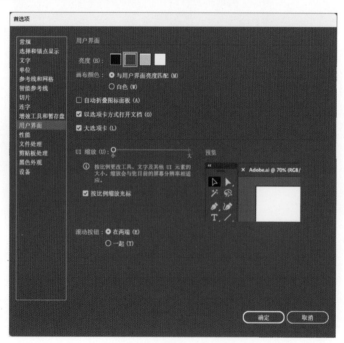

图 1-53

在"黑色外观"中,用户可设定 Illustrator 在 RGB 与灰度设备上处理黑色的方式,见图 1-54。

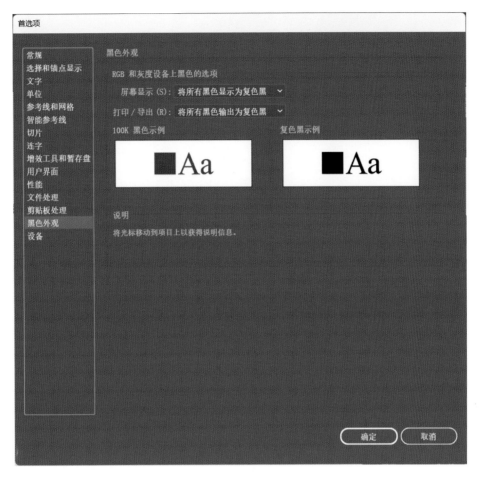

图 1-54

Adobe Illustrator Shixun Jiaocheng

项目二
Illustrator 水花图形的绘制

★学习如何使用钢笔工具(pen tool)绘制复杂形状,并用曲线调整这些形状,使其看起来更流畅自然。

★熟悉路径编辑工具,如添加锚点工具(add anchor point tool)和删除锚点工具(delete anchor point tool),以及调整锚点的控制点,以精细调整水花形状。

★探索不同的色彩方案,学习如何选择和应用适合水花图形的颜色渐变。

## 制作步骤

下面将利用一个具体的案例(见图 2-1)来深化读者对 Adobe Illustrator 中宽度工具的理解和应用。宽度工具是一个极为强大的功能,它可以动态地调整路径的宽度,从而为设计增添独特的视觉效果和风格。

图 2-1

学习该案例,有助于掌握如何使用宽度工具来调整特定路径点的宽度,以及如何通过它创造出丰富的图形效果,使我们的设计作品更加生动和有趣。

该案例的绘制步骤如下。

(1)启动钢笔工具。按下 P 键来选择钢笔工具。

(2)绘制水滴形状。根据图 2-2 中的示例,点击画布上的起点,然后继续点击不同的位置来定义水滴的轮廓。当点击并拖动鼠标时,将创建出曲线,曲线的形状取决于拖动时的方向和长度。尝试模仿水滴的形状,需要在水滴顶部和底部创建尖锐的转折点。

（3）调整曲线弧度。如果需要调整曲线的弧度以更精确地匹配水滴的形状，可按住 Ctrl 键（Mac 上是 Cmd 键），然后点击并拖动曲线上的锚点或方向线。如果曲线的某部分不符合预期，可以随时使用 Ctrl 键来调整锚点或其方向线，以改变曲线的方向和形状。这是精细调整曲线以确保水滴形状自然流畅的关键，见图 2-3。

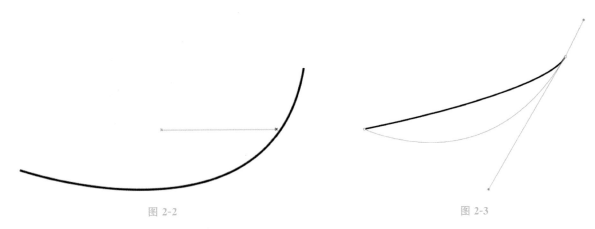

图 2-2 图 2-3

（4）按住 Alt 键复制出一根曲线（见图 2-4），调整控制杆（见图 2-5）。

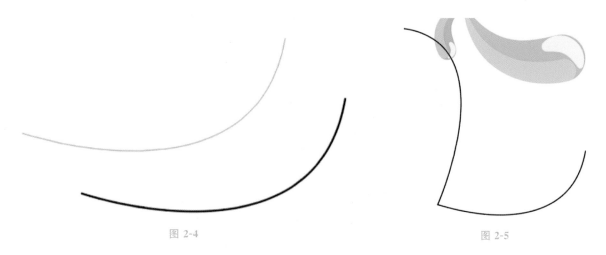

图 2-4 图 2-5

（5）绘制和复制路径。

使用钢笔工具绘制第一条路径。

按住 Alt 键（Mac 上是 Option 键）复制路径，重复此操作直到有五条路径，见图 2-6。

在复制路径的过程中，注意路径长度的变化，并通过直接选取工具（快捷键 A）调整每条路径的位置和形状，以达到设计上的要求。

（6）使用宽度工具调整路径宽度。

选择宽度工具后（快捷键为 Shift ＋ W），将鼠标悬停在想要修改宽度的路径上。点击并拖动路径上的任意点，会看到路径宽度开始变化。向外拖动会增加宽度，向内拖动则会减少宽度。单击路径上的不同点，可以添加多个宽度点，每个点都可以独立调整，这样就能创造出复杂和动态的形状效果。如果需要精确控制宽度，可以双击任一宽度点打开"宽度点编辑"对话框，其中可以精确设置宽度值，甚至是宽度的变化方式。

对于本案例，可在路径的前部分点击并拖动以拉宽路径。这个操作可以增加路径在特定部分的宽度，为设计增添视觉层次。

在调整宽度时,按住 Shift 键可以使宽度变化更加细腻和精确,适用于微调。

按住 Alt 键拖动宽度点,可以单独调整一边的宽度(见图 2-7),这为创建不对称的宽度变化提供了更多灵活性。

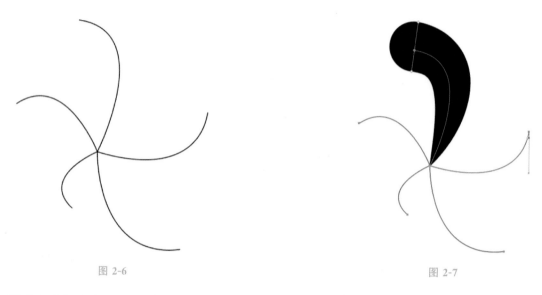

图 2-6 图 2-7

(7)调整好路径宽度后,剩下的四条路径用一样的思路去绘制基础形状,完成后的图形见图 2-8。

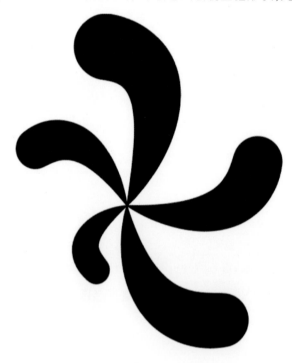

图 2-8

(8)更改颜色和光影。首先,使用检色滴管工具(快捷键 I)快速调整路径的颜色(见图 2-9)。接着,为了增强视觉效果,可以通过"颜色面板"(快捷键 F6)微调选中颜色。若需要调整光影,可以利用"渐变工具"(快捷键 G)在对象上创建平滑的色彩过渡效果,进一步增加深度和立体感。如此,可以有效地改善作品的整体视觉效果。

（9）使用检色滴管工具会使宽度一起被读取，所以需要重新使用宽度工具调整路径形状（见图2-10）。

图 2-9　　　　　　　　　　　　　　　　　　　　　　图 2-10

（10）水滴的基本形状和颜色调整好后，为它添加一层淡淡的反光。首先使用快捷键 Ctrl＋C 复制选中的水滴路径，然后使用 Ctrl＋F 进行原位粘贴，这样就在原有路径上粘贴了一个完全相同的路径。粘贴好后，双击新复制的路径以选中，然后将路径的颜色改为白色，以模拟水滴表面的反光效果（见图2-11）。这样可以为水滴添加更真实的光亮感，使其看起来更立体和逼真。

（11）使用宽度工具调整宽度，再降低透明度，即可得到高光形状（见图2-12）。

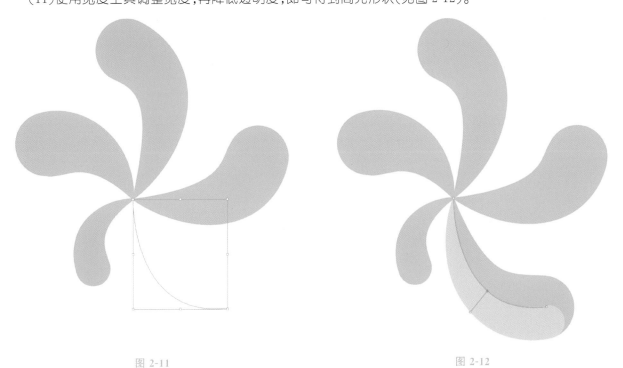

图 2-11　　　　　　　　　　　　　　　　　　　　　　图 2-12

(12)剩下的四条路径按同样的思路进行操作,完成后如图 2-13 所示。

(13)绘制高光部分。用钢笔工具绘制形状,用宽度工具进行调整(见图 2-14)。

图 2-13　　　　　　　　　　　　　　　　　图 2-14

按住 Alt 键复制粘贴四个高光部分,调整形状大小,得到最终完整的结果(见图 2-15)。

图 2-15

【课后练习】

**练习一：基础水滴形状绘制**

练习目标：练习使用椭圆工具和锚点工具来创建一个简单的水滴形状。

练习提示如下。

(1)创建基础形状：使用椭圆工具(快捷键L)绘制一个圆形。

(2)调整形状：选择直接选取工具(快捷键A)，点击并拖动圆形的一个锚点来延伸形状，制作出水滴的尖端。

(3)细化水滴：使用锚点工具(快捷键Shift＋C)调整曲线，使水滴的底部更圆润，顶部更尖锐。

**练习二：创建跳动的水花**

练习目标：使用复制和变形工具，创建一系列不同大小和方向的水滴，模拟跳动的水花效果。

练习提示如下。

(1)绘制第一个水滴：按照练习一的提示绘制一个水滴形状。

(2)复制和变形：使用Alt键拖动水滴复制，并使用自由变形工具(快捷键E)或选择工具(快捷键V)加Shift键(或Alt键)来调整每个复制水滴的大小和方向，创造出动态的跳动水花效果。

(3)排列水滴：将不同大小和方向的水滴排列成一组，模拟一个水花跳起的瞬间。

**练习三：渐变和透明度效果应用**

练习目标：给水滴和水花添加渐变和透明度效果，创造更加真实和动态的视觉效果。

练习提示如下。

(1)选择水滴：绘制好水滴形状后，选择一个或一组水滴。

(2)应用渐变填充：使用渐变工具(快捷键G)，为水滴添加蓝色或透明渐变填充，模拟水的质感。

(3)调整透明度：选中部分水滴，通过透明面板调整它们的透明度，增加深度感和层次感，使一些水滴看起来更远或更轻柔。

Adobe Illustrator Shixun Jiaocheng

项目三
几何化设计积木文字

学习目标

★学会利用基本的几何形状来构建和改造标准字体，理解字母形状的基本几何结构。

★掌握如何通过堆叠和组合几何形状来创建具有积木效果的文字设计。

★将几何化积木文字融入一个实际的设计项目中，展示其在视觉传达中的应用。

## 制作步骤

　　几何图形以其简洁、醒目且形式感强的视觉特征而著称，它们不仅具有高度的可读性，同时也拥有出色的可视性（见图 3-1）。这些特性使得几何图形在设计领域中被广泛应用，无论是在图标设计、品牌标识、界面布局还是海报创作等方面，都能见到其影响力。几何图形能够简化复杂的概念，通过基本的形状（如圆形、正方形、三角形等）传达清晰且强烈的视觉信息，这种简化不仅使得信息易于理解，还能增强视觉吸引力，创造出具有辨识度的视觉语言。

图 3-1

　　几何化积木文字在设计当中极具变化性,能适应多种形式表达,丰富画面。下面以"什念"为例(见图3-2)介绍设计过程,具体操作步骤如下。

图 3-2

　　(1)选择文字工具,单击输入"什念"用作参考(见图 3-3)。

图 3-3

　　(2)观察"什"字,将文字笔画转化成图像,特别是单人旁的撇,它形似直角三角形。首先,选择多边形工具绘制这个形状。在绘制时,可以使用方向键调整多边形的边数,直到形成一个三角形。为了确保绘制的是正三角形,可在绘制时按住 Shift 键(见图3-4)。

　　(3)使用直接选取工具(快捷键 A),选中不需要的锚点并删除,以形成直角三角形的形状。如果需要连接断开的路径,可以选中两个相邻的锚点,然后使用快捷键 Ctrl+J 进行连接。此时,图形的边角可能会显得尖锐,不够柔和。为了解决这个问题,可以使用直接选取工具选中图形的边角,然后拖动圆角转换点(即当你选中一个或多个锚点时出现的小圆点),将尖锐的边角转换为圆角,使图形看起来更加平滑和自然(见图 3-5)。这样,就能得到一个既符合"什"字笔画特征又具有视觉美感的图形元素。

　　(4)贴近三角形的水平边,绘制一个矩形来替代竖,按 Ctrl+K 快速打开"常规"调整面板,调整键盘增量为 1.5 mm(见图3-6)。

　　选中矩形后,为了方便统一字结构间距,可以通过按键盘的下箭头键向下调整一个键盘增量,确保各个部分之间的距离保持一致。由于直角相对于锐角而言比较缓和,这里选择不进行圆角调整,以保留字体的对比性和设计的独特性。

图 3-4                            图 3-5

**首选项**

常规

选择和锚点显示
文字
单位
参考线和网格
智能参考线
切片
连字
增效工具和暂存盘
用户界面
GPU 性能
文件处理和剪贴板
黑色外观

常规

键盘增量 (K)：1.5

约束角度 (A)：0°

圆角半径 (R)：10 mm

☐ 停用自动添加 / 删除 (B)　　　　　　☑ 双击以隔离 (U)

☐ 使用精确光标 (E)　　　　　　　　　☐ 使用日式裁剪标记 (J)

☑ 显示工具提示 (I)　　　　　　　　　☐ 变换图案拼贴 (F)

☑ 消除锯齿图稿 (T)　　　　　　　　　☐ 缩放圆角 (S)

☐ 选择相同色调百分比 (M)　　　　　　☐ 缩放描边和效果 (O)

☑ 未打开任何文档时显示"开始"工作区 (H)

☐ 打开文件时显示"最近打开的文件"工作区 (N)

☐ 使用旧版"新建文件"界面

☐ 使用预览边界 (V)

☑ 打开旧版文件时追加 [转换](L)

重置所有警告对话框 (D)

确定      取消

图 3-6

（5）构造"什"字中的"十"字结构。首先复制已有的矩形，然后粘贴并旋转它，通常可以通过选择工具点击并拖动矩形的一个角来进行旋转，同时按住 Shift 键以确保旋转角度的准确性。旋转后，调整矩形的长度和位置，使其与已有结构对齐并形成完整的"十"字结构（见图 3-7）。

通过这些步骤，即可完成"什"字的构造。整个过程中，保持字形结构间距的统一和对比性，是设计中的关键考虑点,有助于实现既统一又具有视觉冲击力的字体设计。

(6)绘制"念"字。首先还是绘制三角形(见图 3-8),在完成基本结构后,调整其比例大小,以确保"念"字的各个部分比例协调。这可以通过选取工具(快捷键 V)点击并拖动选择框的角来实现,同时按住 Shift 键可以保持比例不变。

图 3-7

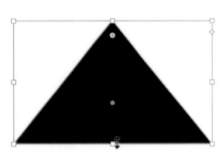

图 3-8

(7)互换填色和描边,即将原来的填充颜色设置为描边颜色,描边颜色设置为填充颜色。这可以通过 Illustrator 的"填充"和"描边"面板操作完成,或者使用快捷键 Shift+X 快速交换填充和描边。

(8)调整描边粗细,使其与矩形宽度相近。这可以在"描边"面板中完成,通过输入具体数值或使用上下箭头调整粗细(见图 3-9)。调整描边粗细是为了确保视觉上的统一性和协调性,让"念"字的每一笔都清晰可见。

(9)使用直接选取工具(快捷键 A)选择不需要的水平线,并按下 Delete 键删除(见图 3-10)。这一步骤是为了清除多余的元素,确保"念"字的形态准确无误。这样,可以使"念"字在视觉上更加平衡和谐,同时也保留了其独特的设计风格。

图 3-9

图 3-10

(10)将对象或描边转换为路径。首先,选中需要转换的对象或描边。然后,点击 Illustrator 顶部的菜单栏中的"对象"(object),从下拉菜单中选择"扩展"(expand)。出现拓展选项对话框后,根据需要确认转换的内容。通常情况下,需要勾选"填充"和"描边"选项,确保描边转换为填充形状。最后,点击"确定"按钮完成操作(见图 3-11)。

通过这个操作,原本的描边或者其他属性被转换为实体的向量路径,之后可以通过直接选取工具等进行编辑,如改变形状、调整大小或修改路径等。这样的转换为设计师提供了更大的灵活性和控制力(特别是精细调整)。

图 3-11

(11)将路径转换为形状,将角调整成圆角(见图 3-12)。点用正圆替代,横用矩形替代,调整好图形位置比例,使用 Ctrl＋C、Ctrl＋F 原位粘贴一个矩形,调整位置,做出"今"(见图 3-13)。

图 3-12

图 3-13

"心"的结构较复杂,用矩形和三角形替换(见图 3-14)。

将角调整为圆角(见图 3-15),剩余两点也添加上去,调整好位置比例(见图 3-16)。

(12)作为模仿积木形态的文字,色彩上不应过于单调,分别调整各结构的颜色,丰富字体效果(见图 3-17)。

图 3-14

图 3-15

图 3-16

图 3-17

这样,几何化设计的积木文字就完成了,在包装上的效果如图 3-18 所示。

图 3-18

【课后练习】

**练习一:基础几何形状组合**

练习目标:创建一个由基础几何形状组成的简单图形(如太阳、树或房屋)。

练习提示如下。

(1)选择并绘制基础形状:使用矩形工具、椭圆工具和多边形工具来绘制基本形状。尝试仅使用这些基础形状来构建图形。

(2)组合形状:对这些形状进行复制、调整大小和旋转,将它们组合成一个简单的图案或物体。

(3)调整颜色:为每个几何形状选择不同的填充颜色,创建鲜明的视觉对比。

**练习二:制作积木风格文字**

练习目标:使用矩形,设计一个积木风格的字母或单词。

练习提示如下。

(1)规划字母形状:在 Illustrator 中用简单线条勾勒出想要创建的字母或单词的大致形状。

(2)构建基本形状:使用矩形工具创建矩形积木块,将它们组合成字母形状。

(3)细节调整:使用直接选取工具调整各积木块的大小和位置,确保它们紧密拼合,形成清晰的字母轮廓。

**练习三:探索透视文字效果**

练习目标:创建一个带有透视效果的积木风格文字,以增加深度和立体感。

练习提示如下。

(1)创建基本文字形状:按照练习二的方法,设计一个平面的积木风格文字。

(2)应用 3D 效果:选中文字,点击"效果 > 3D > 凸出和斜角",打开凸出和斜角对话框,调整参数以创建透视效果。尝试不同的角度和深度,找到最佳的立体视觉效果。

(3)颜色和光影调整:为不同的面选择不同的颜色,模拟光源和阴影效果,以增强透视和立体感。

Adobe Illustrator Shixun Jiaocheng

项目四
中国风折扇案例

**学习目标**

★深入理解中国传统文化中的符号、图案和色彩意义,如龙、凤、莲花、山水画、中国红等,以及它们如何被用来传达特定的文化信息和情感。

★提高在设计软件 Adobe Illustrator 中实现复杂图案设计和色彩应用的技巧,特别是在绘制细腻的中国传统图案和使用对中国文化有特殊意义的色彩方案方面。

★在深入了解中国传统文化和艺术的基础上,培养创新性地解读和重塑这些元素的能力,通过个人独特的视角和现代设计理念,创作出新颖的中国风折扇设计。

# 制作步骤

利用旋转和镜像工具来制作折扇是一个有创意且有效的方法,它可以帮助设计师在视觉上创造出对称和平衡感,让折扇看起来更加吸引人。以下是制作过程的具体步骤。

(1)绘制背景矩形。在 Adobe Illustrator 中,首先需要确定折扇的背景。在背景的上半部分,使用矩形工具(快捷键 M)绘制一个矩形。这个矩形将作为设计的一个重要元素,可以通过颜色、渐变或者纹理来进一步增加视觉效果(见图 4-1)。

图 4-1

（2）设置矩形属性。绘制矩形后,可以通过属性面板调整矩形的颜色和大小,确保它符合整体设计的要求。如果设计需要具体的色彩方案,这时候选择合适的颜色非常关键。

（3）应用旋转和镜像工具。在制作折扇时,应用旋转和镜像工具可以创建出独特的图案或设计元素。复制矩形并使用这些工具,可以创建出视觉上的对称和重复效果,这对于吸引观众的注意力非常有效。

（4）使用渐变工具,给矩形填充一个渐变色(见图4-2)。

①选择对象:确保已经选中了需要修改渐变的对象。

②打开渐变面板:点击窗口(window)菜单下的渐变(gradient)选项或使用快捷键来打开渐变面板。这将显示当前选中对象的渐变属性。

③访问 RGB 面板:在渐变面板内,找到用于调色的部分,点击渐变条上的颜色停靠点(通常位于渐变条的左端或右端),然后在弹出的颜色选择器中选择 RGB 面板,以便使用 RGB 颜色模式进行精确的颜色选择。

④替换颜色: 在 RGB 面板中,可以通过输入 RGB 值或使用滑块来选择想要的颜色。选中渐变条上的左端颜色停靠点后,调整 RGB 值来替换成想要的颜色。

⑤应用并调整渐变: 替换左端颜色后,需要调整渐变的其他属性,如颜色的分布和角度,以确保渐变效果符合整体设计的要求。这种方式可以精确地控制和调整对象的渐变效果,使其更好地融入设计中,增强视觉吸引力(见图4-3)。

⑥替换右端的颜色(见图4-4)。

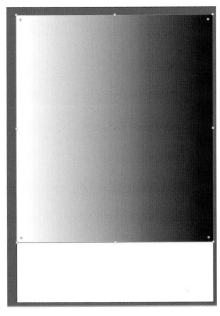

图 4-2

图 4-3

图 4-4

⑦重新拖动颜色:即调整对象的渐变填充。可以使用渐变工具(快捷键 G)选中对象,然后直接在对象上拖动渐变注释器来重新定位渐变的起点和终点,改变渐变的角度和长度,以达到预期的视觉效果(见图 4-5)。

(5)复制粘贴矩形到画板的下半部分。可以使用选取工具(快捷键 V)选中矩形,然后执行复制(Ctrl＋C)和粘贴(Ctrl＋V)操作。使用移动工具将复制的矩形放置到所需位置,通常是画板的下半部分(见图 4-6)。在移动矩形时,可以按住 Shift 键以保持矩形与原位置水平或垂直对齐。这样做可以确保上下两个矩形的对称性和一致性。

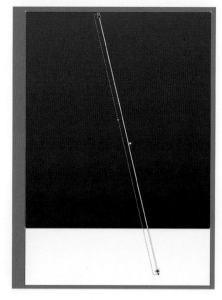

图 4-5

图 4-6

（6）利用参考线和变形工具来确保图案的对称性和美观。具体步骤如下。

①显示参考线。使用快捷键 Ctrl＋R 调出尺子，然后从尺子拖出参考线至画面中心或需要对称的位置。参考线有助于确定图案的中心点和对称轴，确保设计的准确性。

②绘制扇子的一半。使用矩形工具绘制扇子的基本形状。然后，选择直接选取工具，选中矩形底部的锚点，往右推移来调整形状，使之近似扇子的一侧。在推移时保持一定距离，以模拟扇子开合时的形态（见图 4-7）。

③绘制完整的扇子。使用镜像工具来复制并反转刚才绘制的一半扇子，以创建出完整的扇子形状。选中想要镜像的对象，然后按住 Alt 键，点击画面中部或参考线，打开镜像选项对话框。在对话框中选择"垂直镜像"，然后点击"复制"（见图 4-8）。复制后得到一个新的对象（见图 4-9）。

 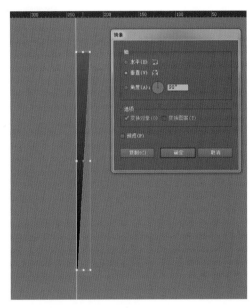 

图 4-7　　　　　　　　　　　　　　　　图 4-8　　　　　　　　　　　　　　　　图 4-9

④调整扇子颜色。更改右侧镜像对象颜色（见图 4-10），左边整体颜色明度高一些（见图 4-11）。

图 4-10　　　　　　　　　　　　　　　　　　　　　　　　　　图 4-11

左、右、中的颜色调整参数分别见图 4-12、图 4-13、图 4-14。

图 4-12

图 4-13

图 4-14

右侧整体颜色暗一些,调整结束见图 4-15。

使用快捷键 Ctrl＋;(分号)来隐藏参考线,然后继续调整颜色(见图 4-16)。

(7)创建褶皱扇面。

①编组褶皱:绘制好单个褶皱后,可使用快捷键 Ctrl＋G 对其进行编组。这样做可以将单个褶皱视为一个整体,便于后续的复制和排列操作。

②使用空心选取工具(见图 4-17):空心选取工具(也称为选取工具,快捷键 V)可以选择和移动对象,而不会选中并修改对象的内容。在已编组的褶皱上使用空心选取工具,可以方便地选中整个编组,而不是编

组内的单个元素。

　　③复制和排列褶皱：选中编组后，在按住 Alt 键的同时拖动编组，可复制褶皱。为了创建百褶效果，可重复此复制操作，每次都适当调整复制出的褶皱的位置和角度，以模拟扇子打开时褶皱的自然排列。

　　④群化复制效果：在上述步骤后，会得到多个褶皱的编组。如果需要，可以选择这些褶皱编组，再次使用 Ctrl＋G 进行总编组，这样整个扇子的百褶就被视为一个整体，便于进一步的调整和定位。

图 4-15

图 4-16

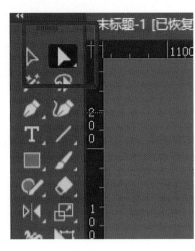
图 4-17

　　⑤选择褶皱中间的两个锚点，向下移动（见图 4-18）。

　　⑥选择旋转工具（快捷键 R），然后按住 Alt 键，在图像下半部分单击以设置旋转的参考点。在弹出的对话框中，将旋转角度设置为 7°（见图 4-19 和图 4-20）。

图 4-18

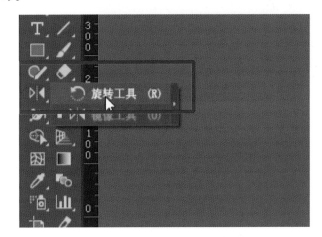
图 4-19

　　⑦单击复制，按快捷键 Ctrl＋D 重复上一步，绘制出扇面（见图 4-21）。

　　⑧将扇面全部选中，添加一个描边颜色，修改参数（见图 4-22）。

　　⑨观察发现褶皱太粗，撤回到单个扇面的步骤，调整比例（见图 4-23）。

　　然后继续使用旋转工具（快捷键 R），在图形下方选择作用的点，将旋转角度设置为 4°，重复刚才的步骤（见图 4-24）。

　　如果发现扇形过长，需撤销并调整其比例，使之更短（见图 4-25）。

图 4-20

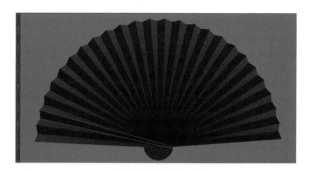

图 4-21

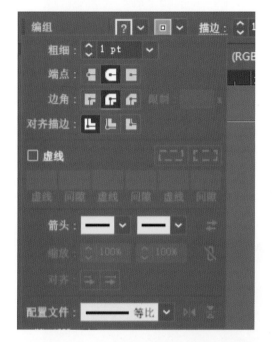

图 4-22

图 4-23

图 4-24

图 4-25

将旋转角度改为 6°,重复刚才的步骤(见图 4-26)。

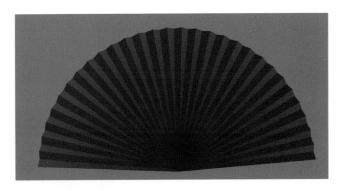

图 4-26

(8)调整扇子位置,复制一个备用,放置口红产品到扇子后方(见图 4-27)。

图 4-27

(9)给扇子添加纸质纹理。可使用位图纹理或者向量纹理的方式来添加。在上述情况下,选择特定颜色区域来应用纹理是使用了向量纹理的方法。添加纸质纹理的具体步骤如下。

①选择魔棒工具:魔棒工具(快捷键 W)可根据颜色、笔划宽度等属性选择对象。

②设置容差:将魔棒工具的容差设置为 0,这样工具将只选择与选定颜色完全匹配的区域,不会选择颜色相近的区域。

③选择暗调部分：使用魔棒工具点击扇子中的暗调部分。因为容差设置为 0（见图 4-28），工具会选择所有与点击处颜色相同的区域。

④加深颜色：选中所有暗调部分后，可以通过颜色面板进一步加深这些区域的颜色。这可以通过调整颜色值或者应用更深的颜色覆盖来完成。

这样便能够为扇子图形添加纸质感的纹理效果，并可强调暗部颜色，增加深度和立体感（见图 4-29）。

图 4-28

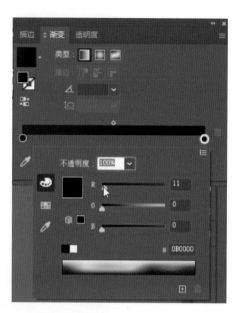

图 4-29

（10）给扇子添加颜色渐变效果。单击渐变工具，调整渐变颜色走向（见图 4-30）。

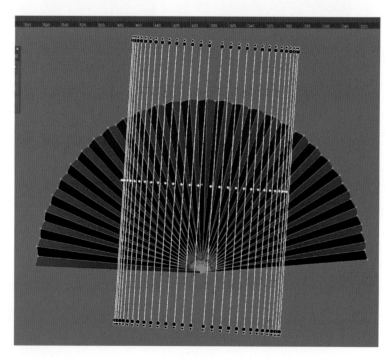

图 4-30

让其左右稍微有明暗的变化(见图 4-31)。

图 4-31

再选择扇面的亮面部分(见图 4-32)。

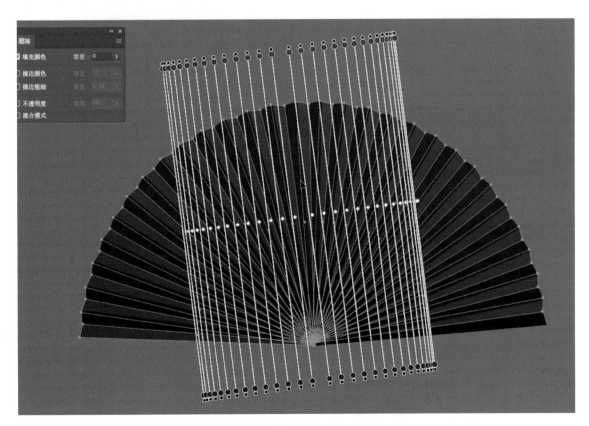

图 4-32

调整渐变使其从上而下有一个颜色渐变(见图 4-33)。

(11)增加作品的质感。点击"效果"菜单,选择"纹理"下的"颗粒"选项(见图 4-34)。

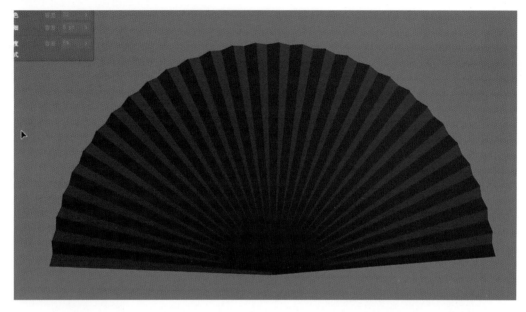

图 4-33

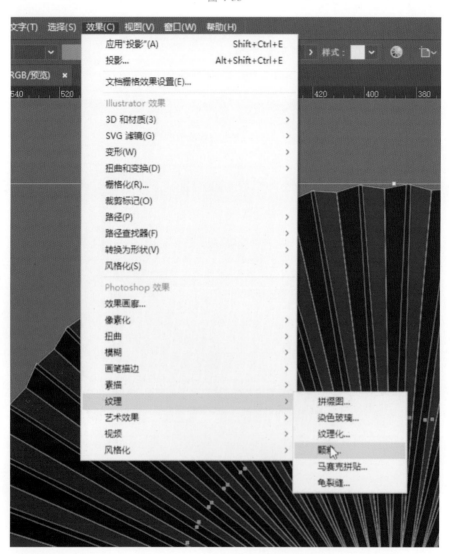

图 4-34

在颗粒效果的选项中,选择"胶片颗粒"(见图 4-35)。

调整相关数值后点击确定(见图 4-36),然后放大图案以观察效果。如需进一步调整,可在外观面板中重新调出胶片颗粒面板进行修改(见图 4-37)。

图 4-35

图 4-36

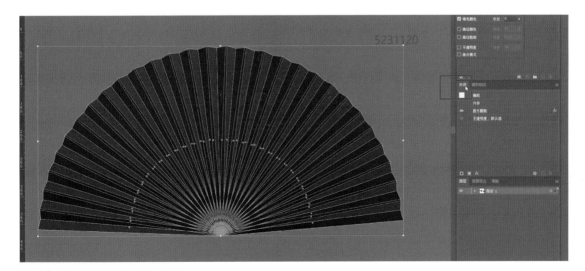

图 4-37

根据效果进一步调整数值(见图 4-38 和图 4-39)。

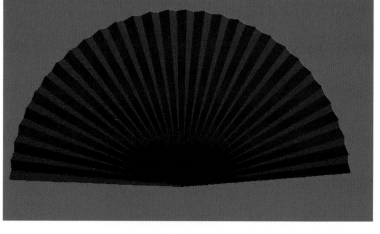

图 4-38

图 4-39

(12)使用快捷键"Ctrl+["将扇子移动到下一个图层,然后为其添加投影效果(见图 4-40 和图 4-41)。

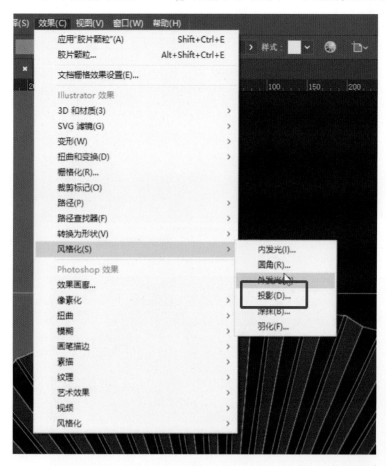

图 4-40

图 4-41

(13)调整扇子的比例大小与位置,制造出空间上的氛围感(见图 4-42)。

(14)将前面的扇子也给出投影和纹理效果(见图 4-43 和图 4-44)。

(15)继续复制扇子到背后,调整扇子比例大小和位置(见图 4-45)。

(16)调整完成后绘制一个矩形(见图 4-46)。

图 4-42

图 4-43

图 4-44

图 4-45

图 4-46

（17）选中所有需要操作的对象,使用快捷键 Ctrl＋7 进行剪切操作,将它们组合成一个剪切蒙版(见图 4-47)。

图 4-47

旋转工具在 Adobe Illustrator 中的应用主要集中在两个方面:作用的对象和作用的点。这两个因素对图像的影响极为重要。

作用的对象:旋转工具可以应用于任何选中的对象或对象组。根据选择旋转的对象不同,最终的图像效果也会有显著差异。对象可以是简单的图形、复杂的图案或整个设计元素。正确选择旋转的对象是实现预期设计效果的关键。

作用的点:旋转工具的另一个关键方面是旋转的中心点或作用点。这个点可以是对象的默认中心点,也可以是用户自定义的任何位置。改变旋转的中心点会导致完全不同的旋转效果和视觉布局,因此精确设定作用点对于控制旋转结果至关重要。

通过调整这两个方面,设计师可以用旋转工具创造出多样化的视觉效果,从而大幅改变图像的整体布局和感觉(见图 4-48 和图 4-49)。

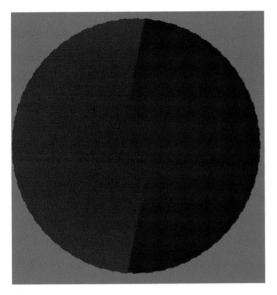

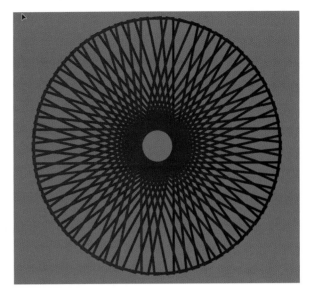

图 4-48　　　　　　　　　　　　　　　　图 4-49

**【课后练习】**

**练习一：传统图案重构**

练习目标：提高对中国传统图案识别和应用能力，掌握采用现代设计技巧重构图案的方法，适应当代审美。

练习提示如下。

(1)选择一个典型的中国传统图案，如莲花、云纹、龙凤等。

(2)研究该图案的历史背景和文化意义，理解其在中国文化中的地位和象征意义。

(3)使用 Adobe Illustrator 重新设计选定的图案，尝试通过颜色变化、形状简化或抽象化等方式进行现代化改造。

(4)设计一个适合印制在折扇上的图案版面，考虑图案在扇面上的展示效果和视觉冲击力。

**练习二：色彩方案创作**

练习目标：掌握在中国风设计中有效使用色彩的能力，创建能够反映中国传统美学和符合现代审美的色彩方案。

练习提示如下。

(1)研究中国传统色彩的含义和使用场景，如中国红代表喜庆、翡翠绿象征和谐等。

(2)选择一个主题或情感表达为设计基础，例如"宁静""喜庆"或"和谐"。

(3)结合所选主题，使用 Adobe Illustrator 创建三到五个不同的色彩方案。

(4)将这些色彩方案应用于折扇设计，分析哪一套色彩方案最能表达所选主题，并考虑其在不同光照和背景下的视觉效果。

**练习三：综合设计项目**

练习目标：综合运用所学的中国传统文化元素、传统图案重构和色彩方案创作技巧，设计一款完整的中

国风折扇。

练习提示如下。

(1)确定设计主题,如中国古典文学、名胜古迹、传统节日等,确保主题具有鲜明的中国文化特色。

(2)根据主题选择合适的传统图案元素和色彩方案,考虑如何将它们融合在一个和谐且有创新的设计中。

(3)使用设计软件绘制折扇的视觉设计稿,确保设计既能体现中国传统美学,又不失现代感。

(4)自我评估设计的文化内涵和美学价值,可以选择向他人征求反馈,进行进一步的修正和完善。

Adobe Illustrator Shixun Jiaocheng

项目五
宽度、变形、旋转扭曲、
收缩膨胀工具

学习目标

★学会如何使用宽度工具调整路径的局部宽度,为线条和形状添加变化和动感,从而提升图形的表现力和美感。

★理解并掌握变形工具和旋转扭曲工具的各项功能,包括但不限于扭曲、旋转、倾斜等,以实现创意图形的设计。

★掌握收缩膨胀工具的使用技巧,有效调整设计元素的外观,以适应不同的设计需求和视觉效果。

## 制作步骤

## 宽度工具

工具组里包含了多个功能(见图 5-1),我们经常使用的是前面几个选项。宽度工具便是其一(见图 5-2)。宽度工具可以让我们在同一条路径上创建出变化的线宽,使得绘图更加丰富和动态。

图 5-1

图 5-2

在矢量对象中,可以通过调整描边宽度来改变对象的视觉效果。使用宽度工具时,可以选择并拖动路径上的特定部分来增加或减少该部分的宽度(见图 5-3)。这样的操作使得描边不再是均匀的,而是可以有所变化的,增强了设计的动态感和表现力。

使用宽度工具时,点击并拖动路径上的某一点,会在垂直于该点的位置上出现一条控制线。这条控制线的作用是支撑起该点处描边的宽度。拖动这条线,可以不断自由地调整该点处描边的大小和粗细,直到达到满意的效果(见图 5-4)。这个功能为设计师提供了更高的灵活性,便于创造出更加生动和有表现力的描边效果。

在设计中,如果以螺旋线作为图形的主线,使用宽度工具来直接调整其宽度是一个非常直观且有效的方法。选择宽度工具后,点击并拖动螺旋线上任意一点,可以增加或减少该点的宽度。这样可以为螺旋线添加变化和动态效果,让图形更富有表现力和视觉冲击力(见图 5-5)。

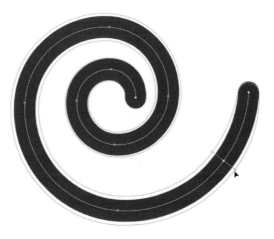

图 5-3

图 5-4

图 5-5

使用线段工具(快捷键\)绘制一条直线。可以通过点击画布上的一个点,然后拖动到另一个点来完成这一操作,绘制时按住 Shift 键可以保证绘制的线条是完全水平或垂直的。选中刚刚绘制的直线后,激活宽度工具(快捷键 Shift＋W)。然后在直线上的任意位置点击并拖动,线条宽度会在拖动点处变化,创建出所需的形状或效果(见图 5-6)。这个过程不仅适用于创建装饰性图案或图形元素,也可以用于字体设计、插画细节处理等多种场景,为作品添加个性化的触感和视觉吸引力。

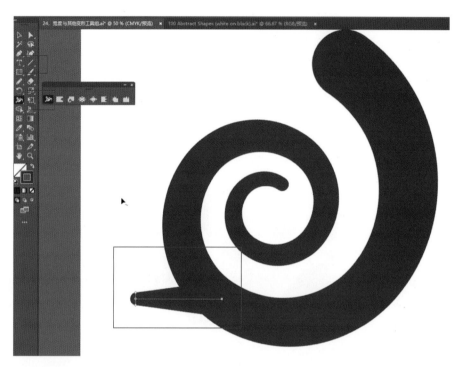

图 5-6

绘制一条弧线并使用描边面板调整该弧线的描边大小,以达到设计要求(见图 5-7)。

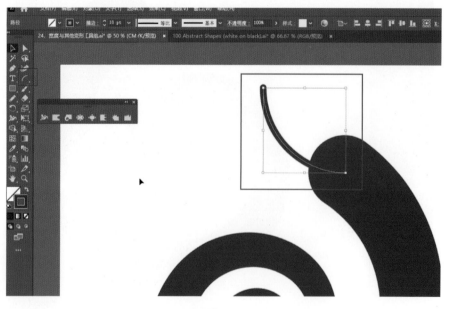

图 5-7

继续调整弧线的形状与位置(见图 5-8)。调好后复制一个出来,做出另一个触角(见图 5-9)。

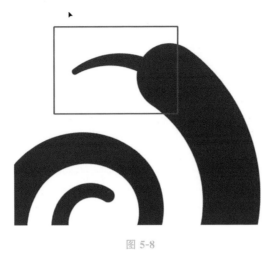

图 5-8

图 5-9

## 变形工具

变形工具(见图 5-10)在 Adobe Illustrator 中的功能类似于 Photoshop 里的涂抹工具。这个工具可以直接在对象上进行拉伸和扭曲等操作,改变对象的形状和外观。例如,在对一个网格(见图 5-11)使用变形工具时,可以通过拖动网格线条来模拟物体的弯曲或其他自然形态的变形效果。

图 5-10

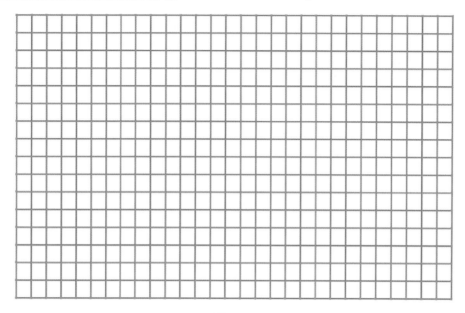

图 5-11

　　使用变形工具时,调整笔尖大小的方法包括键盘快捷操作和工具选项面板的调整。按住 Alt＋Shift 键,然后向右下角拖动,可以实现笔尖等比例放大;向左下角拖动则会使笔尖等比例缩小。这种操作提供了直观的方式来调整笔尖大小,非常适合在细节编辑过程中使用。此外,双击变形工具图标以调出其工具选项面板也是调整笔尖大小的一个有效方法。在工具选项面板中,可以更精确地设置笔尖的大小和其他相关参数(见图 5-12)。这些功能使得变形工具在处理复杂形状和纹理时更加灵活和有力。

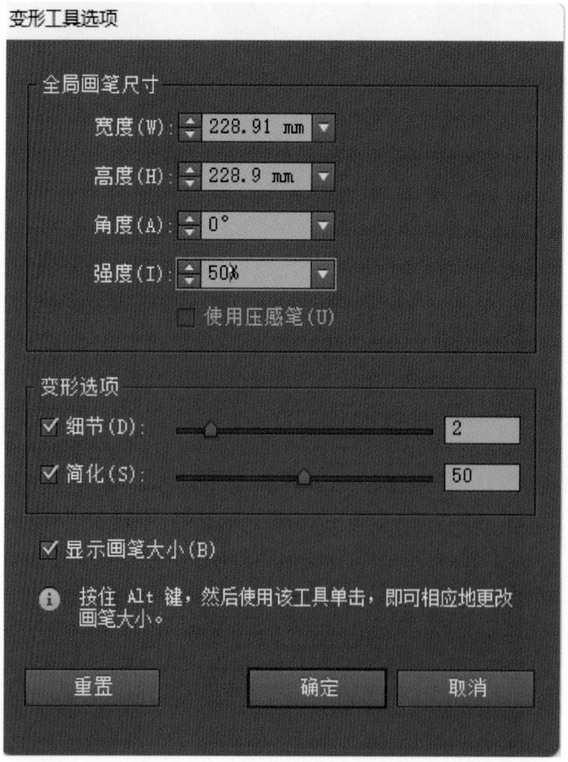

图 5-12

　　使用变形工具在网格上进行拖动操作时,网格会根据画笔的路径和力度发生变形。这种方式可直接在图形上模拟自然的形态变化,如扭曲、弯曲或拉伸,从而为设计添加动态感和视觉效果(见图 5-13)。这个功能在创造具有动态效果的图形或文字时尤其有用,提供了一种直观且富有创造性的方式来调整和优化设计元素的外观。

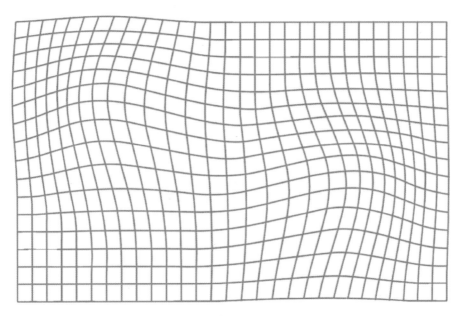

图 5-13

　　将变形的网格与文字结合可以做一个海报的视觉效果(见图 5-14)。

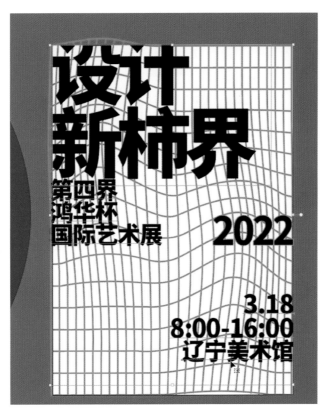

图 5-14

选中全部文字后,使用 Ctrl+G 进行编组。然后使用 Ctrl+R 锁定网格,保持设计的精确性。再使用 Ctrl+Shift+O 将文字转为曲线,使其可以自由变形。之后,使用变形工具,双击打开其选项面板进行数值调整,以此来增加或减少细节,达到简化效果(见图 5-15)。

图 5-15

接着,拖动编组后的文字,使用变形工具调整,以形成合适的挤压效果(见图 5-16)。

图 5-16

对所选对象填充一个颜色,然后在透明度面板中选择"正常"模式,这样可以将颜色叠加到下层内容上(见图 5-17),以此完成海报的视觉效果(见图 5-18)。

图 5-17

图 5-18

## 旋转扭曲工具

旋转扭曲工具的图标见图 5-19。

绘制一条直线后,使用旋转工具,按住 Alt 键单击画布上的某点以设定旋转中心,然后在弹出的对话框中指定旋转的角度(见图 5-20)。

图 5-19

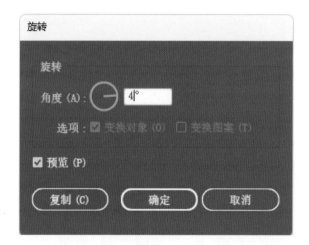

图 5-20

点击复制,按快捷键 Ctrl＋D 重复上一步(见图 5-21)。

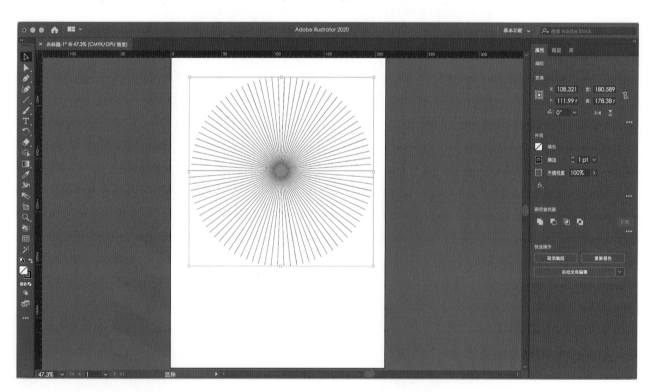

图 5-21

　　使用 Ctrl＋R 锁定图层,避免误操作,然后使用 Ctrl＋G 将对象编组。在描边属性中选择一个圆形箭头末端,并将缩放比例设置为 50％(见图 5-22)。

图 5-22

得到图 5-23 的效果。

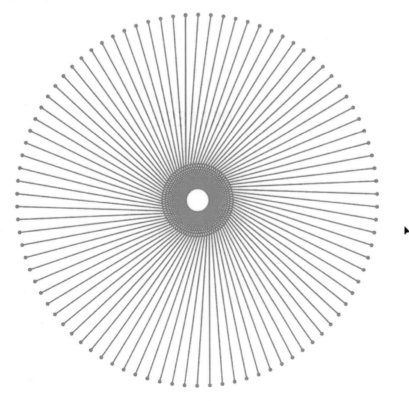

图 5-23

接着复制几个图形,调整大小比例和位置(见图 5-24)。

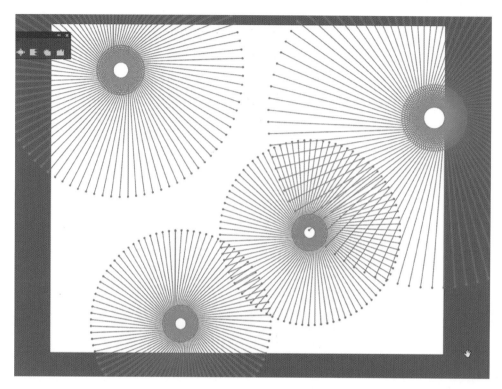

图 5-24

选择其中一个对象,使用旋转扭曲工具,调大笔尖并放置在对象的圆心位置进行操作(见图 5-25)。

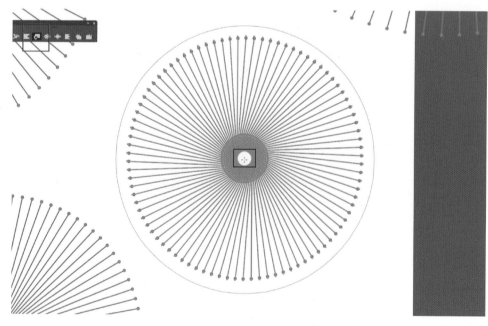

图 5-25

点击圆心生成效果图（见图 5-26）。

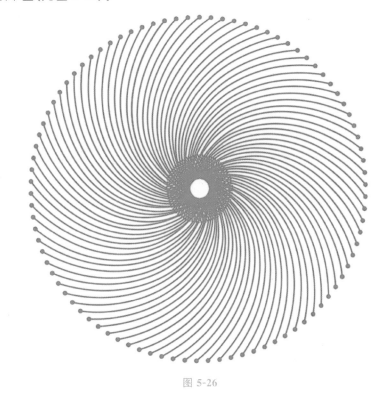

图 5-26

双击旋转扭曲工具图标调出选项面板，在此面板中可以调整画笔强度等参数，以获得期望的效果（见图 5-27）。

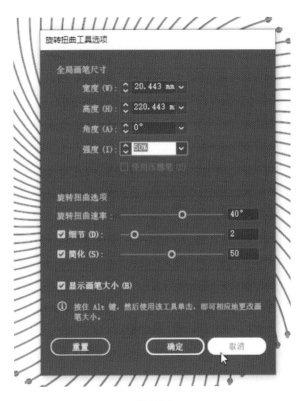

图 5-27

## 收缩膨胀工具

收缩膨胀工具包括收缩（缩拢）工具和膨胀工具。收缩工具的图标见图5-28。

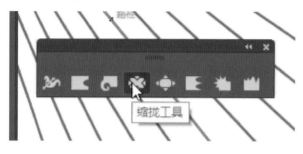

图 5-28

收缩膨胀工具的作用是使图形收缩和膨胀（见图5-29）。

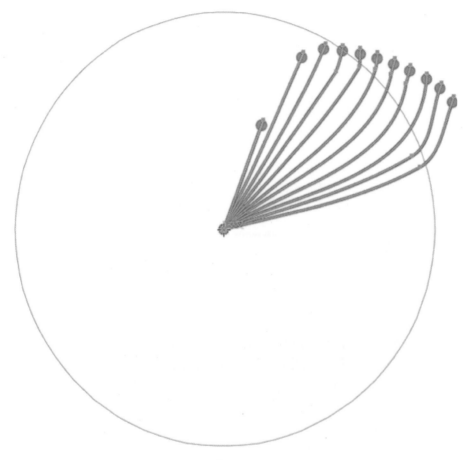

图 5-29

采用这种方式操作，可以创建出类似于吸铁石效果的视觉效果，被碰到的部分会被收缩吸引进来。这种效果对外扩型的图形同样适用，也会呈现出被收缩的效果（见图5-30和图5-31）。

膨胀工具的图标见图5-32。

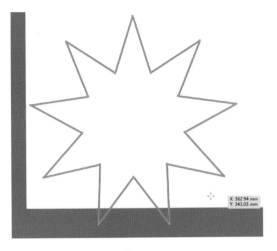

图 5-30

图 5-31

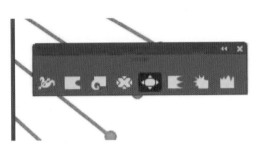

图 5-32

比如原本该图形内圆环比较小（见图 5-33），使用膨胀工具后内圆环就会变大（见图 5-34）。

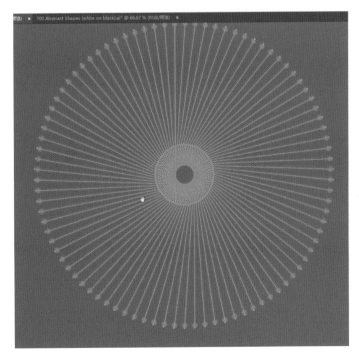

图 5-33

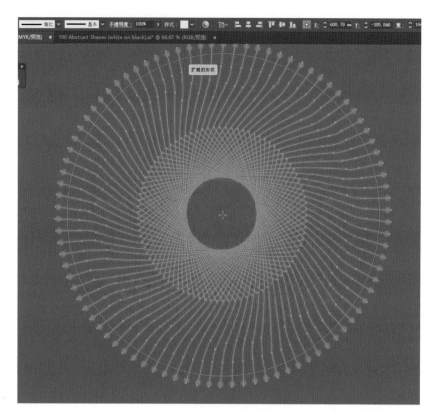

图 5-34

## 【课后练习】

### 练习一:宽度工具应用

练习目标:掌握宽度工具的使用,能够创造出具有动态宽度变化的路径,增加插画和设计作品的视觉吸引力。

练习提示如下。

(1)选择一个简单的插画项目,例如绘制一朵花或一片叶子。

(2)使用钢笔工具绘制花瓣或叶片的基本轮廓。

(3)使用宽度工具,对路径的不同部分进行宽度调整,模拟自然界中花瓣或叶片的厚度变化。

(4)观察和记录使用宽度工具前后的变化,体会其对作品整体视觉效果的影响。

### 练习二:变形和旋转扭曲工具应用

练习目标:熟练使用变形和旋转扭曲工具,通过创造性的图形变形增加设计作品的创新性和表现力。

练习提示如下。

(1)创建一个包含基本形状(如圆形、正方形、三角形)的复合图形。

(2)使用变形工具对图形进行不同类型的变形操作,如扭曲、旋转、倾斜等。

(3)尝试应用旋转扭曲工具,观察其对图形造型的影响。

(4)分析哪种变形效果最适合设计意图,记录使用心得和使用技巧。

**练习三:收缩膨胀工具的创意应用**

练习目标:使用收缩膨胀工具调整设计元素的形状和大小,以适应不同的设计场景和创作需求。

练习提示如下。

(1)选择一个设计元素,如标志、图标或任意插画元素。

(2)使用收缩膨胀工具,对所选设计元素进行多次收缩和膨胀操作,创造出不同的视觉效果。

(3)尝试将这些变化后的元素应用于一个设计项目中,比如重新设计一个标志或创作一个图案。

(4)反思哪些调整对提升设计的吸引力和传达设计意图最为有效,记录使用体验和心得。

Adobe Illustrator Shixun Jiaocheng

项目六
文字的替换混合轴效果

★学习如何使用混合工具来创建平滑的颜色过渡和形状变化,特别是在处理文字设计时如何有效地使用混合工具。

★深入理解替换混合轴的概念及其在文字艺术中的应用,掌握如何通过改变混合轴来创造动态和多样化的文字效果。

★培养创意思维,将混合轴效果与 Illustrator 工具和技巧结合使用,以探索和创造全新的文字视觉效果。

## 制作步骤

本项目主要是介绍三种不同文字制作方法的步骤和技巧(见图 6-1)。每种方法都涉及特定的设计理念和 Illustrator 工具的应用,旨在提升文字设计的效果和创意表达。

图 6-1

## 创建文字路径

(1)输入所需文字"SOS",将其放大,并更改为合适的字体。之后,调整其基础形状并选择"文字 > 创建轮廓"完成文字转换(见图 6-2)。

(2)完成文字转换后,删除多余的轮廓,并在文字处点击右键选择"释放复合路径"来分解文字元素(见图 6-3)。

SOS

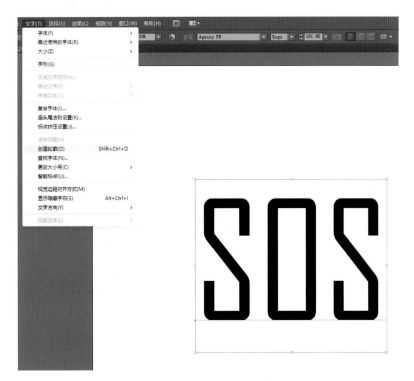

图 6-2

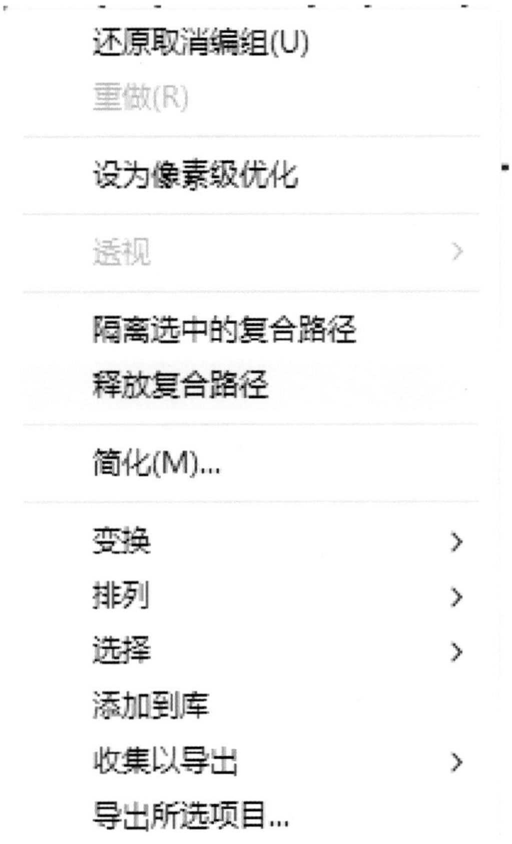

还原取消编组(U)
重做(R)
设为像素级优化
透视
隔离选中的复合路径
释放复合路径
简化(M)...
变换
排列
选择
添加到库
收集以导出
导出所选项目...

图 6-3

（3）点击选取工具（见图6-4），选择合适的锚点（见图6-5）。

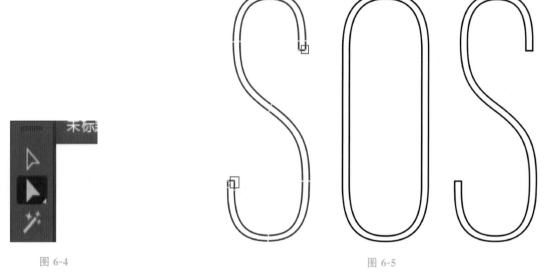

图6-4

图6-5

（4）删除不需要的锚点，仅保留形成简单线条的锚点（见图6-6）。

（5）稍微拉宽路径的下半部分，并适当调整其位置（见图6-7）。

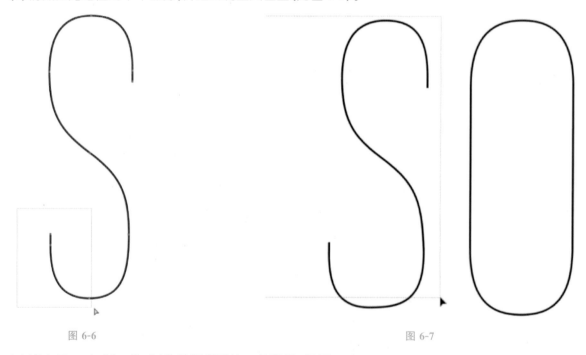

图6-6

图6-7

（6）将字母"S"复制一份，以此获得所需的三条路径（见图6-8）。

## 混合图案制作方法一

（1）绘制一个黑色矩形，调整其描边大小（见图6-9和图6-10）。

（2）打开填充颜色（见图6-11）。

（3）绘制完成后，复制该矩形，将填充颜色更改为白色并移除描边，再复制多个形成一排（见图6-12和图6-13）。

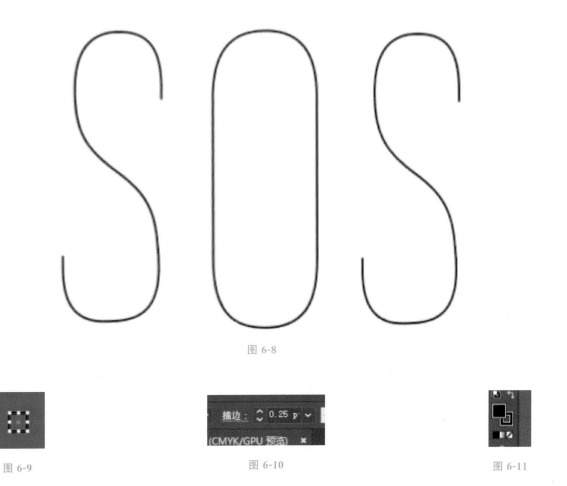

图 6-8

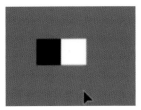

图 6-9

图 6-10

图 6-11

图 6-12

图 6-13

（4）复制第二排矩形，并进行镜像处理（见图 6-14 和图 6-15）。

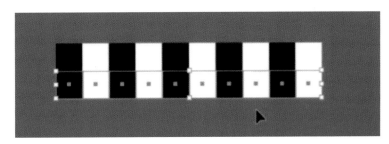

图 6-14

 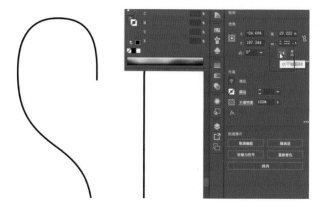

图 6-15

（5）继续复制出一片黑白网格，并在最右边补充一列（见图 6-16 和图 6-17）。

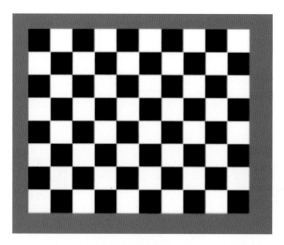 

图 6-16                                      图 6-17

（6）完成后，使用 Ctrl＋G 编组所有网格，调整其大小并移动到适当位置（见图 6-18）。

（7）使用 Ctrl＋Alt＋B 执行混合操作（见图 6-19）。

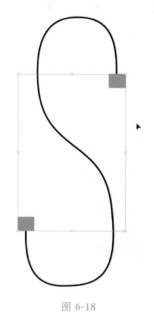 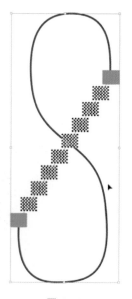

图 6-18                                      图 6-19

（8）替换混合轴，以调整混合效果（见图 6-20）。

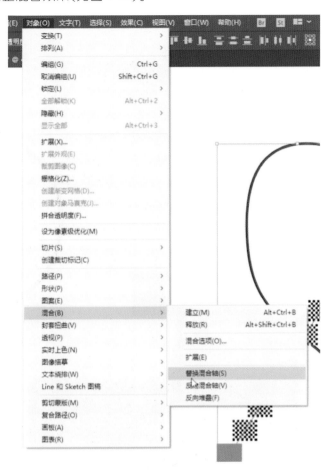

图 6-20

（9）修改间距，如此第一个混合图案便制作完成（见图 6-21）。

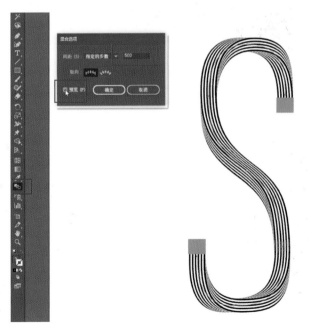

图 6-21

## 混合图案制作方法二

（1）绘制一个正圆并增加描边大小（见图 6-22 和图 6-23）。

（2）从圆心到边缘绘制一条直线，使用旋转工具，按住 Alt 键点击圆心设置旋转角度（见图 6-24 和图 6-25）。

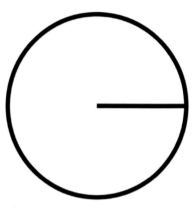

图 6-22　　　　　　　　　　　　图 6-23　　　　　　　　　　　　图 6-24

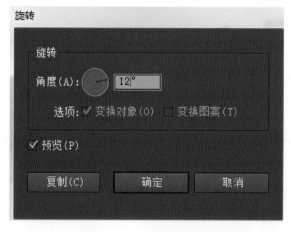

图 6-25

（3）复制该直线，并使用 Ctrl＋D 重复操作，直到形成完整圆周（见图 6-26），然后使用实时上色工具填充颜色（见图 6-27）。

图 6-26　　　　　　　　　　　　　　　　　图 6-27

(4)进行扩展操作,取消编组并提取填充的黑色部分(见图 6-28 和图 6-29)。

图 6-28

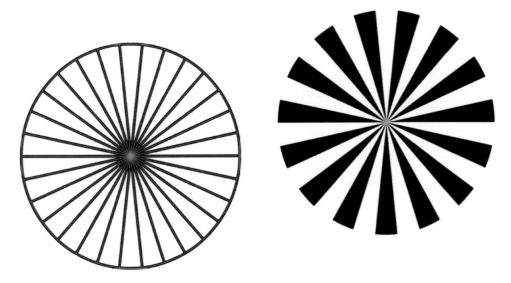

图 6-29

(5)删掉描边,进行复制(见图 6-30)。

图 6-30

(6)使用 Ctrl+Alt+B 进行混合(见图 6-31)。

(7)替换混合轴(见图 6-32)。

图 6-31

图 6-32

（8）修改混合选项（见图 6-33 和图 6-34）。

图 6-33

（9）使用钢笔工具，添加锚点（见图 6-35）。

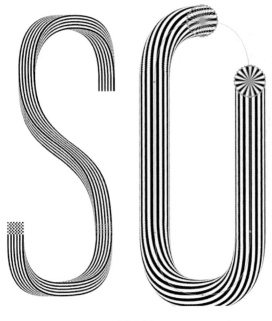

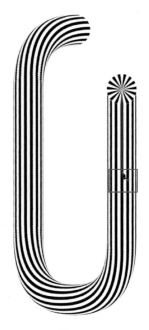

图 6-34　　　　　　　　　　　　　　　　　　　　　　图 6-35

（10）使用直接选取工具选中这个锚点，再用剪切工具断开（见图 6-36）。

图 6-36

（11）将得到的图形（见图 6-37）复制一个出来，再绘制一个矩形（见图 6-38）。

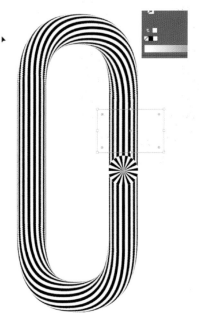

图 6-37　　　　　　　　　　　　　　　　　　　　　　图 6-38

(12)创建剪切蒙版以修正图案(见图 6-39)。

图 6-39

(13)将修正的图案移动到指定位置完成图案的修补(见图 6-40)。

## 混合图案制作方法三

(1)绘制一个正圆并填充渐变色(见图 6-41)。

(2)选取颜色(见图 6-42)。

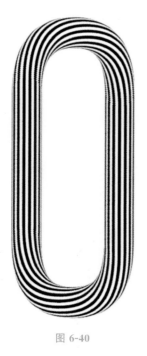

图 6-40          图 6-41          图 6-42

(3)复制一个正圆,稍微调整其颜色(见图 6-43)。

(4)把它们放到合适的位置(见图 6-44)。

(5)选中这两个对象,使用快捷键 Ctrl+Alt+B 建立混合效果(见图 6-45)。

(6)替换混合轴(见图 6-46)。

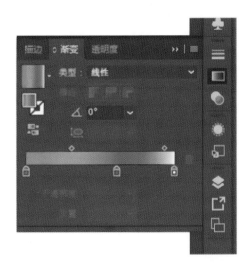

图 6-43

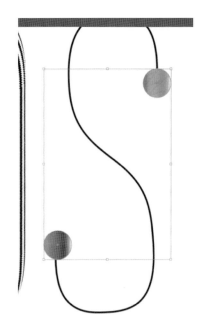

图 6-44

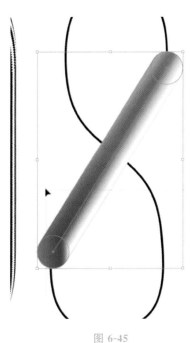

图 6-45

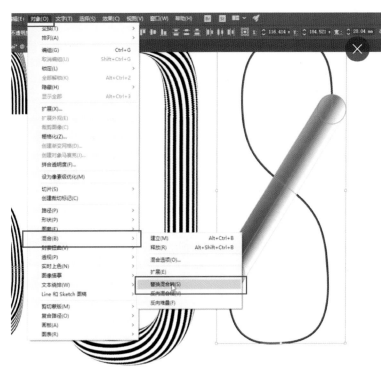

图 6-46

(7)完成后的图形见图 6-47。

三种方法制作的混合图案见图 6-48。

图 6-47

图 6-48

【课后练习】

**练习一：基本混合轴效果应用**

练习目标：学会使用混合工具(blend tool)在两个文字对象之间创建平滑的过渡效果。

练习提示如下。

(1)在 Illustrator 中创建两个文字对象，可以是相同的文字内容但应具有不同的颜色或字体样式。

(2)使用混合工具点击第一个文字对象，然后点击第二个文字对象，生成基本的混合效果。

**练习二：创意文字混合效果实验**

练习目标：探索混合工具在创意文字设计中的应用，通过改变混合轴创造出独特的视觉效果。

练习提示如下。

(1)创建两个具有显著差异的文字对象(如大小、颜色、字体样式完全不同)。

(2)应用基本的混合效果，然后尝试修改其中一个文字对象的路径或形状。

Adobe Illustrator Shixun Jiaocheng

项目七
粗糙化设计毛绒感文字

学习目标

★学习如何有效使用Illustrator中的"粗糙化"效果,以模拟文字的毛绒感质地。理解不同的粗糙化设置如何影响最终效果,包括"大小""细节"以及"变化"选项的调整。

★掌握如何通过色彩和纹理的细致运用来增强文字的毛绒感效果。学习选择和搭配温暖、柔和的色彩以模拟真实的毛绒质感,并探索如何添加额外的纹理效果以提升视觉上的质感。

★提升将毛绒感文字创造性地融入各种设计项目中的能力,如品牌标识、宣传海报或个性化礼品卡等。培养在保持文字可读性的同时,通过创意设计增强视觉吸引力的能力。

## 制作步骤

(1)在Adobe Illustrator中新建文件并修改颜色模式为RGB,具体操作步骤如下。

①启动Adobe Illustrator软件。

②新建文档。

转到"文件"菜单,选择"新建"(或使用快捷键Ctrl+N(Windows)/Cmd+N(Mac))来创建一个新的文档。

在弹出的"新建文档"窗口中,根据需要选择文档预设,或者手动设置文档的尺寸、方向、单位等参数。

③修改颜色模式为RGB(见图7-1)。

图7-1

在"新建文档"窗口中,寻找"高级选项"部分(可能需要点击某个展开箭头来显示这些选项)。

查找颜色模式设置,它通常位于"颜色模式"或"颜色"标签下。

从下拉菜单中选择"RGB 颜色"。RGB 模式是专门为屏幕显示设计的,适用于网页设计、视频制作以及任何将在屏幕上显示的图像。

④完成设置并创建文档。

在设置了所需参数后,点击"创建"按钮来创建新文档。

(2)输入文字。

①选择工具栏中的"文本工具"(快捷键 T)。

②点击画布上要添加文字的位置,并开始输入文字(见图 7-2)。

图 7-2

③修改字体。

选中输入的文字。转到顶部的工具选项栏,找到字体设置。这里通常显示为当前选定字体的名称。点击字体名称旁边的下拉箭头,将展开字体列表。从这个列表中,可以选择想要的字体。如果知道字体的名称,也可以直接在字体搜索框中输入字体名称。

选择想要的字体后,文本将自动更新为选中的字体。

(3)使用椭圆工具创建椭圆。

①选择椭圆工具。

在 Adobe Illustrator 的工具栏中找到"椭圆工具"(见图 7-3)。它通常位于工具栏的上半部分。如果看到的是矩形或其他形状的图标,可长按该图标,出现一个弹出菜单后,可选择"椭圆工具"。

②绘制椭圆(见图 7-4)。

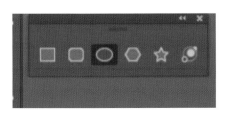

图 7-3

图 7-4

在画布上点击想要开始绘制椭圆的位置,然后拖动鼠标来绘制椭圆。如果想要绘制一个完美的圆形,可按住 Shift 键不放,同时拖动鼠标。

③调整椭圆。

释放鼠标后,可以通过选择并拖动椭圆边缘上的控制点来调整其大小和比例。也可以通过选择并移动椭圆来改变其位置。

(4)互换填充色与描边色。

①确保绘制的圆形被选中。

②在工具栏底部,找到填充色和描边色的预览框。点击小箭头按钮(通常在填充和描边预览框旁边,有时是两个方向的箭头),以互换填充色和描边色(见图 7-5)。

(5)修改填充色为渐变色(见图 7-6)。

图 7-5

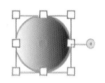

图 7-6

①仍然保持圆形被选中,转到"属性"面板或在顶部的控制栏中找到填充色设置。点击填充色选项,选择"渐变"选项。这会应用默认渐变到圆形的填充中。

②点击并拖动渐变滑块或选择不同的渐变预设,可以自定义渐变的颜色和方向。

③修改颜色模式为 RGB,调整颜色(见图 7-7)。

(6)在工具栏中找到并选择"渐变工具"(快捷键 G)。

(7)应用渐变。

①确保已经选中了含有渐变填充的对象。

②改变渐变方向,见图 7-8。

a. 使用渐变工具选中对象后,会在对象上看到渐变注释,显示渐变的当前方向和范围。将鼠标光标放在渐变标注的任一端点上,鼠标光标会变成一个箭头。

b. 点击并拖动端点可改变渐变的方向和长度。可以自由地调整渐变,使其呈现线性渐变的方向,也可自由调整径向渐变的焦点和范围。

③细节调整。

拖动过程中,可以观察到渐变效果实时更新。释放鼠标时,渐变的新方向将被应用到对象上。如果需要,还可以调整渐变条上的颜色停靠点来改变渐变中各个颜色的分布和比例。

(8)创建混合效果。

图 7-7

图 7-8

①复制刚创建的对象(见图 7-9)。

②创建或选中要应用混合效果的两个或多个对象。可以使用选取工具(快捷键 V)单独点击对象或拖动选择框来选中它们。

③应用混合效果。

在对象选中的状态下,转到菜单栏上的"对象 > 混合 > 建立"(或使用快捷键 Alt + Ctrl + B (Windows)/Option + Command + B(Mac)),见图 7-10。选择"建立"后,Illustrator 会自动应用默认的混合设置,创建一个从一个对象过渡到另一个对象的平滑效果。

④得到的混合效果见图 7-11。

(9)调整混合选项。

①在工具栏中找到并选择"混合工具"。这个工具的图标通常看起来像是两个重叠的矩形。

②在工具栏中双击"混合工具"的图标。这将打开"混合选项"对话框(见图 7-12)。

③在"混合选项"对话框中,可以修改几个关键参数来调整混合效果。

a. 间距:可以选择"指定的步数"来确定两个对象之间的过渡步骤数量,或选择"平滑色彩"来让 Illustrator 根据颜色过渡自动计算步数。

b. 取向:可调整对象沿着混合路径对齐。

④调整好设置后,点击"确定"应用更改。Illustrator 将根据新参数更新混合效果。

⑤更新后的混合效果见图 7-13。

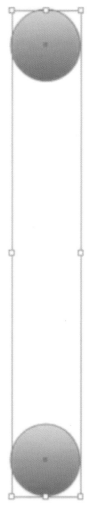

图 7-9

图 7-10

图 7-11

图 7-12

图 7-13

（10）替换混合轴。

创建混合对象后，若要替换混合轴，需要选择"对象 > 混合 > 替换混合轴"。这个操作要求混合对象已经选中，见图 7-14。执行"替换混合轴"命令后，Illustrator 会尝试根据形状和位置调整混合的路径或轴，这可能会影响混合效果的方向或方式。

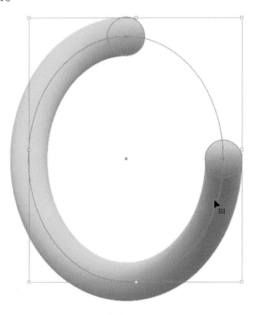

图 7-14

需注意的是，替换混合轴的效果取决于原始形状的布局和它们之间的相对位置。在某些情况下，这个命令可能对混合效果产生显著变化，而在其他情况下变化可能不那么明显。如果替换后的效果不符合预期，可以尝试手动调整混合对象或使用"混合选项"对话框进一步微调混合参数。

若发现混合轴替换不完整，可使用剪刀工具剪断，替换完整（见图 7-15）。

图 7-15

（11）使用钢笔工具绘制尾巴路径（见图 7-16）。

（12）移动并复制对象。

选中要复制的对象，比如"O"字符。可以使用选取工具（快捷键 V）来选中它。按住 Alt 键（Windows）

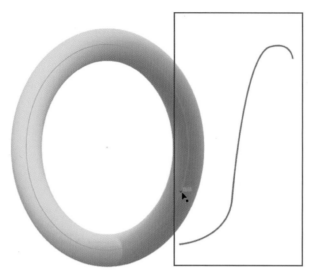

图 7-16

或 Option 键(Mac),然后拖动选中的对象到新位置。这个动作会在新位置创建所选对象的一个复制品。

释放鼠标按钮放置复制品,然后释放 Alt 或 Option 键。

(13)选中两个对象。

使用选取工具(快捷键 V),点击并拖动一个选择框覆盖两个对象,或者按住 Shift 键并点击两个对象。

这样,就完成了移动并复制一个对象的操作,并选中了两个对象,见图 7-17。这个操作在 Adobe Illustrator 中很常用,特别是在需要制作重复图案或进行对象布局调整时。

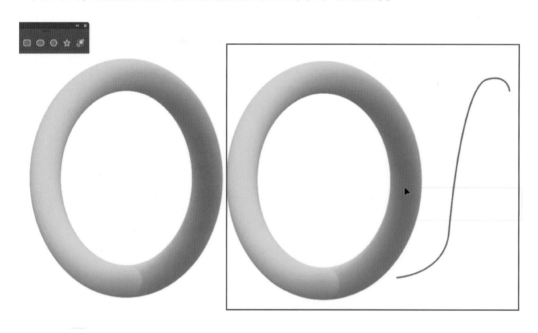

图 7-17

(14)执行"对象 > 混合 > 替换混合轴"命令(见图 7-18 和图 7-19)。

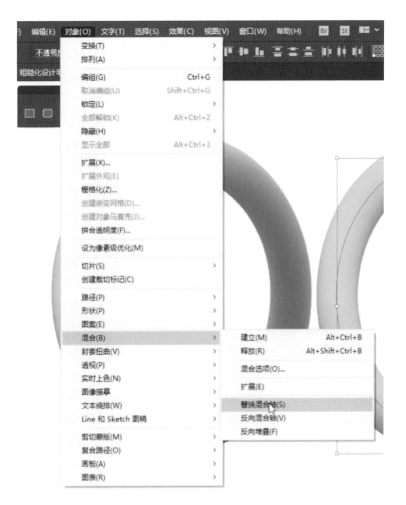

图 7-18

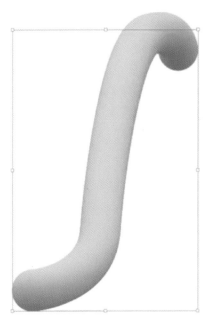

图 7-19

（15）使用选择工具（快捷键 V），选中想要调整位置的对象或对象组。直接拖动选中的对象到希望的位置。如果需要精确移动，可选中对象后使用键盘上的方向键（箭头键）进行微调（见图 7-20）。

（16）使用直接选取工具选中尾巴（见图 7-21）。

图 7-20　　　　　　　　　　　　　　　　　　　　　　　　图 7-21

（17）调整尾巴的粗细（见图 7-22）。

选中尾巴后，转到属性面板（通常位于工作区右侧）或顶部控制栏，找到描边设置。使用描边粗细输入框（通常旁边有"pt"表示点数），输入新的值或使用上下箭头调整粗细。增加数值会使描边变粗，减少数值会使描边变细。

（18）绘制正三角形。

①选择多边形工具：在工具栏中找到"矩形工具"，长按直到展开其他形状工具，然后选择"多边形工具"。

②创建正三角形，见图 7-23。

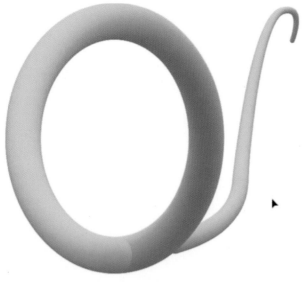

图 7-22　　　　　　　　　　　　　　　　　　　　　　　　图 7-23

a. 在画布上单击一下(而不是拖动),将弹出一个对话框,可设置多边形的选项。

b. 在"边数"字段中输入 3 来设置三角形的边数。

c. 输入希望的三角形大小。由于要创建的是正三角形,可以设置任意尺寸,Illustrator 会自动创建等边三角形。

③点击"确定"以创建三角形。

(19)绘制直径为 1 mm 的圆。

①选择椭圆工具:在工具栏中找到"椭圆工具"(快捷键 L)。

②创建圆。

在画布上单击一下,弹出设置对话框。

由于需要一个直径为 1 mm 的圆,因此在"宽度"和"高度"字段中都输入 1 mm,见图 7-24。

③点击"确定"以创建圆。

(20)调整正三角形和圆的位置,选择图形(见图 7-25)。

图 7-24

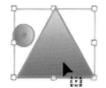

图 7-25

(21)建立混合效果。

①选中两个对象。

使用选取工具(快捷键 V),选中刚刚创建的正三角形和圆。可以通过点击并拖动选择框覆盖两个对象,或者按住 Shift 键点击每个对象来选中它们。

②应用混合效果。

执行"对象 > 混合 > 建立"命令(快捷键 Alt ＋ Ctrl ＋ B(Windows)/Option ＋ Command ＋ B(Mac)),见图 7-26,Illustrator 会自动创建一个从一个对象过渡到另一个对象的混合效果(见图 7-27)。

(22)双击混合工具,在弹出的混合选项对话框中调整参数(见图 7-28)。

(23)在刚建立的混合图形处单击右键,选择"排列 > 置于底层"(见图 7-29)。

图 7-26

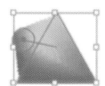

图 7-27

图 7-28

图 7-29

（24）移动复制（见图 7-30）。

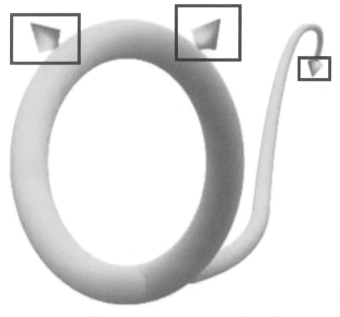

图 7-30

（25）制作"O"的粗糙化效果。

①选中对象：使用选取工具（快捷键 V），选中要粗糙化的"O"。

②应用粗糙化效果：转到菜单栏上的"效果 > 扭曲和变换 > 粗糙化"来打开粗糙化设置对话框（见图 7-31）。

图 7-31

③调整粗糙化设置：在"粗糙化"对话框中，可以调整各种设置来控制粗糙化效果的外观。常见的设置包括以下内容。

a. 相对或绝对："相对"选项将根据对象大小调整粗糙程度,而"绝对"选项提供固定的粗糙值,不论对象大小。

b. 大小:控制粗糙化效果的大小或强度。

c. 细节:调整粗糙化效果的细节程度,数值越大,产生的尖刺越多。

d. 平滑或尖锐:可以让粗糙化效果更加平滑或更加尖锐。

调整这些数值后,预览框会实时显示效果,可以直观地看到调整结果。

④应用效果:确认无误后,点击"确定"应用粗糙化效果(见图 7-32)。

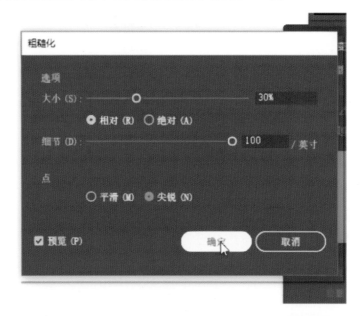

图 7-32

⑤得到的效果见图 7-33。

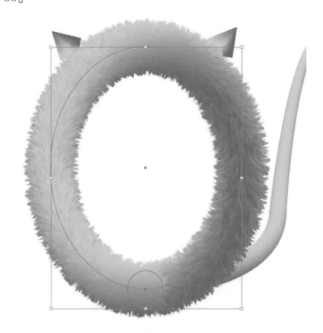

图 7-33

(26)调整尾巴(见图 7-34)。

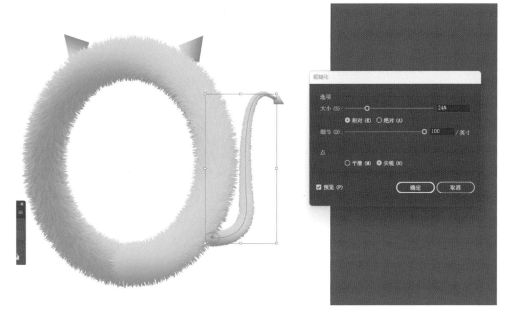

图 7-34

(27)调整耳朵(见图 7-35)。

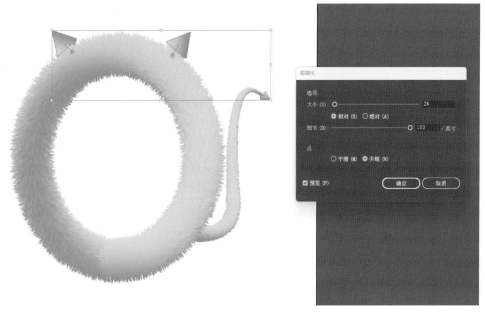

图 7-35

(28)拼接图形。使用直接选取工具,让图形之间更加融合(见图7-36)。

图 7-36

【课后练习】

**练习一:基础毛绒感文字创建**

练习目标:学会使用 Illustrator 中的粗糙化效果来创建基础的毛绒感文字,掌握调整效果参数以实现理想的毛绒质感。

练习提示如下。

(1)选择一个简单的单词或短语,并使用一个适中粗细的字体,以确保粗糙化效果明显。

(2)在文字上应用"效果>扭曲和变换>粗糙化"效果,开始时可以使用默认参数,然后逐步调整"大小"和"细节"选项,观察不同设置对文字边缘的影响。

(3)练习找到一个平衡点,使文字既有明显的毛绒感,同时保持良好的可读性。

(4)尝试对文字应用温暖的色彩,增加其毛绒感。

**练习二:创意毛绒感文字设计**

练习目标:进一步探索毛绒感文字的创意设计,将其应用于具体的设计项目中,如制作一个主题海报或邀请卡,展现文字与设计元素之间的和谐统一。

练习提示如下。

(1)选定一个设计主题,例如季节性活动、生日邀请或品牌宣传,考虑如何将毛绒感文字融入整体设计中。

(2)在创建了基础毛绒感文字的基础上,尝试添加背景和其他设计元素,如图案、图标或插画,使设计成为一个完整的视觉故事。

Adobe Illustrator Shixun Jiaocheng

# 项目八
# 3D 效果设计立体标志

★掌握 3D 设计的基本原则,包括透视、光影效果、反射和纹理等,了解如何在标志设计中有效运用这些元素来创造立体感。

★熟练使用 Illustrator 的 3D 功能,如"3D > 旋转"和"3D > 凸出和斜角"等工具,将平面图形转换为立体对象。学习如何调整深度、角度和光源设置来优化 3D 效果。

★培养将 3D 效果创意地应用于标志设计的能力,探索如何将 3D 元素与品牌形象相结合,创造出既吸引人又能传达品牌信息的立体标志。

## 制作步骤

本项目以图 8-1 为例介绍 3D 效果设计。具体操作步骤如下。

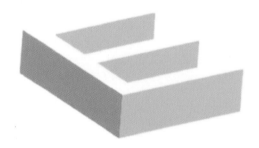

图 8-1

(1)选择矩形工具。

从工具栏中选择"矩形工具"(快捷键 M)。

(2)绘制矩形。

在画布上点击并拖动以绘制一个矩形。如果要绘制一个正方形,可以在拖动时按住 Shift 键。

(3)复制矩形。

选中刚绘制的矩形,然后按住 Alt 键(Windows)或 Option 键(Mac)和 Shift 键,从原始矩形中拖出一个复制品,保证复制品的移动仅限于水平方向。同样操作复制第二个矩形(见图 8-2)。

(4)旋转矩形。

选中要旋转的矩形,然后选择"旋转工具"(快捷键 R),按住 Shift 键(以确保旋转角度以 45°增量旋转,从而轻松达到正好 90°的旋转角度),点击并拖动矩形的一个角来进行旋转。

(5)放置旋转后的矩形。

使用选取工具(快捷键 V),拖动旋转后的矩形到合适的位置。按住 Shift 键可以保持矩形在水平或垂直方向上移动,以帮助精确放置(见图 8-3)。

图 8-2　　　　　　　　　　　　　　　　　　　　图 8-3

(6)选择要对齐的对象。

使用选取工具(快捷键 V),框选或按住 Shift 键点击要对齐的所有对象。

(7)应用对齐。

转到顶部的控制面板中找到对齐选项,或者使用"窗口 > 对齐"(快捷键 Shift ＋ F7)打开对齐面板,选择相应的对齐方式(如水平居中对齐或垂直居中对齐)来对齐选中的对象。

(8)进行编组。

确保所有需要编组的对象都已经被选中,按下 Ctrl ＋ G(Windows)或 Cmd ＋ G(Mac)来编组选中的对象。

(9)选择效果应用。

确保编组后的对象仍然被选中,转到"效果"菜单,选择"3D ＞ 凸出和斜角"来打开凸出和斜角效果的对话框(见图 8-4)。

(10)调整凸出和斜角设置。

在凸出和斜角对话框中,可以调整凸出深度来给对象一个三维外观,可以选择不同的斜角类型以及调整斜角大小,来给对象边缘添加斜角效果。

使用预览选项来实时查看效果的应用情况,并进行调整直到满意。

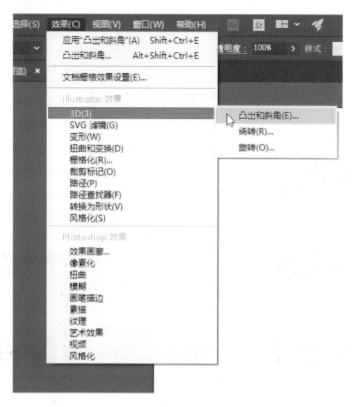

图 8-4

（11）应用效果。

设置完成后，点击"确定"应用凸出和斜角效果（见图 8-5）。得到的图形效果见图 8-6。

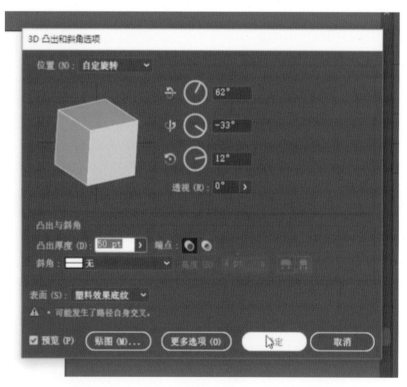

图 8-5

（12）扩展外观（见图 8-7）。

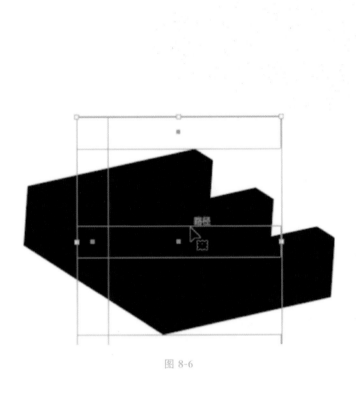

图 8-6　　　　　　　　　　　　　　　　　　　　　　图 8-7

　　扩展外观是一个不可逆的过程，一旦应用，将不能回到之前的状态。因此，在扩展外观之前最好保存一个副本，以防需要回到原先的设置。

　　对于复杂效果或大型项目，扩展外观后务必检查结果，确保一切如预期那样。

　　扩展外观可以将 Adobe Illustrator 中的复杂效果转换为可编辑的向量形状，从而为创作提供更大的灵活性和控制。这使得进一步的细节调整和自定义变得可能，尤其在准备打印或将设计导出为不同格式时非常有用。

　　（13）取消编组。

　　如果对象已经被编组，则首先需要选中该组，然后点击右键，并选择"取消编组"（或使用快捷键 Shift ＋ Ctrl/Cmd ＋ G）。

　　如果组内还有更多的嵌套编组，则需要重复此操作，直到所有对象都不再是编组的一部分。

　　（14）给图形填充颜色。

　　①按住 Shift 键选择图形上方作为亮面（见图 8-8）。

　　②调出"路径查找器"（见图 8-9）。

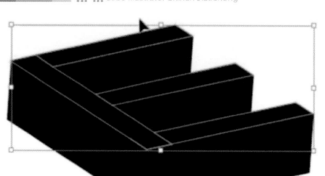

图 8-8

图 8-9

③点击交集,合并图形(见图 8-10),得到图 8-11。

图 8-10

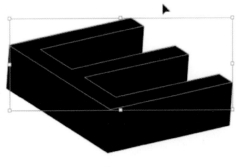

图 8-11

④给亮面填充白色(见图 8-12)。

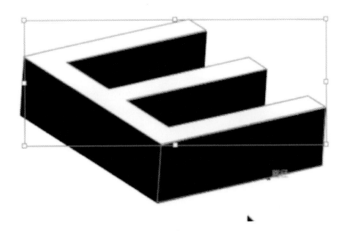

图 8-12

⑤将图形右侧作为灰面,给灰面填充颜色(见图 8-13)。

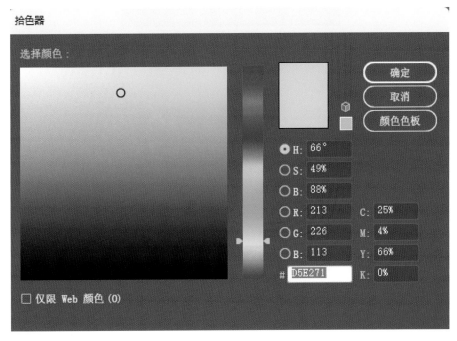

图 8-13

⑥填充后得到图 8-14。

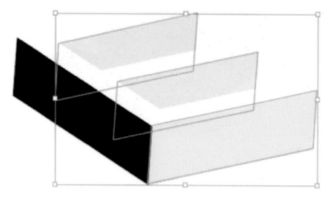

图 8-14

⑦将颜色模式改为"CMYK"模式(见图 8-15),得到图 8-16。

图 8-15

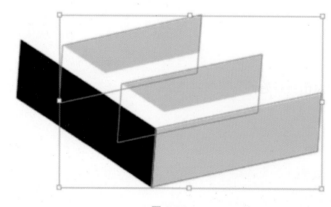

图 8-16

⑧将图形左侧作为暗面,填充暗面颜色(见图 8-17)。

⑨填充后得到图 8-18。

(15)设计英文文本。

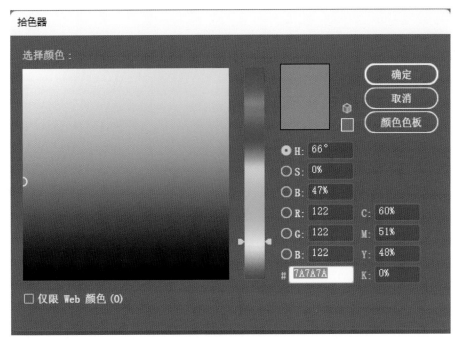

图 8-17

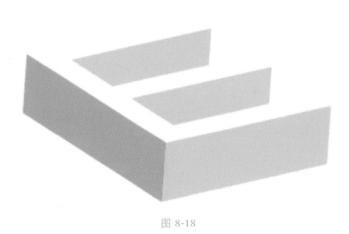

图 8-18

①使用文本工具：选择工具栏中的"文本工具"（快捷键 T）。

②输入文本：在画布上点击并开始输入英文名称。

③选择字体和调整字间距。

选中刚刚输入的文本，然后在顶部的控制面板或者属性面板中选择想要的字体。

在 Adobe Illustrator 中，调整字间距通常通过字符面板进行（选择"窗口 > 类型 > 字符"，或使用快捷键 Ctrl/Cmd ＋ T）。

选中文本后，可以调整"跟踪"值来改变字间距。注意，按 Alt＋右键直接调整字间距的快捷方式可能不适用于 Illustrator 的所有版本，标准方法是使用字符面板。

④选取颜色：选中文本，使用颜色面板（"窗口 > 颜色"）或控制面板上的颜色选项为文本选择一个颜色。

⑤对齐文本与标志：选中文本和上方的标志（按住 Shift 键点击标志和文本），使用对齐面板（"窗口 > 对

齐"),点击"水平居中对齐"按钮,确保对齐选项设置为对齐到选择项,这样文本就会根据标志的位置进行水平居中对齐。

(16)完成上述步骤后,可以确保英文名称不仅视觉上吸引人,而且与上方的标志在视觉上保持一致性和协调性。在设计过程中,细心调整这些细节对于创造出专业且吸引人的视觉作品至关重要,见图8-19。

图 8-19

【课后练习】

**练习一:基础3D标志设计**

练习目标:掌握基础的3D效果应用,通过将简单的图形转换成3D形状,理解3D设计的基本原理和技巧。

练习提示如下。

(1)在Adobe Illustrator中选择一个简单的图形或图标,例如公司的初始字母或简单的形状(如圆形、方形等)。

(2)使用"3D＞旋转"或"3D＞凸出和斜角"工具,将选定的图形转换为3D形状。尝试不同的旋转角度和凸出深度,观察这些变化对3D效果的影响。

**练习二:高级3D标志设计项目**

练习目标:提升3D标志设计的创意和技术水平,综合应用3D设计技巧和视觉艺术原则,创作一个完整的、具有创新性的3D立体标志。

练习提示如下。

(1)选择或创造一个标志设计概念,考虑标志如何体现一个品牌的核心价值和特点。概念可以是抽象的,也可以是具象的,但应该具有较强的视觉识别性。

(2)利用Illustrator的3D工具创建标志的3D版本。可使用基础的凸出和旋转,也可以探索斜角和其他高级效果,如纹理、反射等,为标志添加更多细节和深度。

# 参考文献
## References

［1］ 蒙槐春,宋欢. Adobe Illustrator 图形设计[M]. 天津:天津科学技术出版社,2022.

［2］ 马巾凌,向魏. Illustrator 应用设计[M]. 重庆:重庆大学电子音像出版社,2021.

［3］ 邢立宁,郑龙,何敏藩,等. Adobe Illustrator 实例教程[M]. 长沙:湖南大学出版社, 2020.

［4］ 陆敏. Illustrator 服装款式模块设计 1200 例[M]. 上海:东华大学出版社,2021.

［5］ 温静,韩小溪. Illustrator CC 2020 中文版标准教程[M]. 北京:中国轻工业出版社,2020.

［6］ 杨雪飞,姚婧妍. Illustrator CC 平面设计与制作[M]. 北京:北京理工大学出版社,2018.

［7］ 崔亚量. 新手学 Illustrator 全面精通[M]. 北京:北京日报出版社,2017.